浙江省高职院校"十四五"重点教材

21世纪职业教育规划教材·智能制造系列

数控车削编程与操作

杨小华 ◎主编
朱银法 ◎主审

北京大学出版社
PEKING UNIVERSITY PRESS

内容简介

本书是首批浙江省高职院校"十四五"重点教材，也是丽水职业技术学院中德合作办学项目成果之一。本书系统地介绍了 FANUC 数控车床的编程与车床操作所需的基本知识和基本编程技能。本书内容包括编程入门——轮廓精车编程、FANUC 0i/0i Mate T 数控车床的基本操作、轴的加工、孔的加工、槽的加工、螺纹的加工、宏程序等七个项目，每个项目又分为若干个任务，各任务的内容由浅入深、循序渐进。本书配有丰富的数字资源，使用本书的教师和学生可以免费扫码观看。

本书可作为高职院校与技工学校数控技术、模具设计与制造等专业的教学用书，也可作为从事数控技术研究、开发的工程技术人员的参考用书。

图书在版编目（CIP）数据

数控车削编程与操作 / 杨小华主编. —— 北京：北京大学出版社，2025.7. —— (21 世纪职业教育规划教材). —— ISBN 978-7-301-35154-3

I. TG519.1

中国国家版本馆 CIP 数据核字第 202499J0W1 号

书　　名	数控车削编程与操作
	SHUKONG CHEXIAO BIANCHENG YU CAOZUO
著作责任者	杨小华　主　编
策划编辑	桂　春
责任编辑	胡　媚　王　璠
标准书号	ISBN 978-7-301-35154-3
出版发行	北京大学出版社
地　　址	北京市海淀区成府路 205 号　100871
网　　址	http://www.pup.cn　新浪微博：@北京大学出版社
电子邮箱	编辑部 zyjy@pup.cn　总编室 zpup@pup.cn
电　　话	邮购部 010-62752015　发行部 010-62750672　编辑部 010-62754934
印刷者	河北滦县鑫华书刊印刷厂
经销者	新华书店
	787 毫米×1092 毫米　16 开本　15.25 印张　403 千字
	2025 年 7 月第 1 版　2025 年 7 月第 1 次印刷
定　　价	48.00 元

未经许可，不得以任何方式复制或抄袭本书之部分或全部内容。
版权所有，侵权必究
举报电话：010-62752024　电子邮箱：fd@pup.cn
图书如有印装质量问题，请与出版部联系，电话：010-62756370

本书编委会名单

主　编　杨小华
副主编　李银海　祝新祥　叶刘伟　谢志波　朱凌宏
参　编　方忠恕　吴建伟　徐　征　周乐峰　马阿娟

前　　言

　　本书是首批浙江省高职院校"十四五"重点教材之一，也是丽水职业技术学院中德合作办学项目成果之一。

　　党的二十大报告提出"深入实施人才强国战略"，并将大国工匠、高技能人才纳入国家战略人才力量。为了深入贯彻落实党的二十大精神，助力制造业高技能人才培养，编者根据《职业院校教材管理办法》《高等学校课程思政建设指导纲要》等相关文件精神及智能制造业人才需求编写了本书。本书在编写过程中注重将我国高职教育与德国职业教育的特点相融合，以理实一体的原则设计教学内容，力求使本书内容适应岗位生产实际和人才发展需要。本书具有如下特点：

　　（1）在内容选取上，本书对应数控车工的国家职业标准要求，以典型工作任务为引导，以零件加工为载体，确保教材内容既来源于企业，又服务于企业。

　　（2）在内容设计上，本书在进入企业进行真实调研论证的基础上归纳形成了15个数控车削加工的典型工作任务，既满足数控技术专业及相关专业的车工职业资格考试的需要，也能作为企业员工培训教材使用。

　　（3）在内容体系上，本书以零件加工为载体，以具体的工作任务为基本单元，参考六步教学法组织教材体系，内容涵盖数控车削编程、简要工艺分析、数控车床操作与零件加工等知识和技能。每个任务均按照由简单到综合的教学过程设计，便于教学实施。

　　对于非核心但重要的内容，如项目5中的"使用G72/G94指令的槽加工"和项目7中的"使用宏程序的大螺距螺纹加工"，编者将其作为数字资源以二维码的形式呈现，供教师根据实际教学需求灵活选用。全书基础内容适合32~48学时教学使用。

　　本书由丽水职业技术学院杨小华担任主编，负责全书框架设计及内容统稿与修改；金华职业技术大学李银海、浙江江山森源电器有限公司祝新祥、丽水市教育教学研究院叶刘伟、丽水职业技术学院谢志波、丽水职业技术学院朱凌宏担任副主编；丽水欧意阀门有限公司方忠恕、丽水职业技术学院吴建伟、徐征、周乐峰、马阿娟参编。

　　本书编写分工如下：杨小华编写任务6.1、任务6.2，李银海编写任务4.1、任务5.2，祝新祥编写任务7，叶刘伟编写任务1.2、任务4.2，谢志波编写任务1.1、任务2.1，朱凌宏编写任务5.1、任务5.3，方忠恕编写任务2.2，吴建伟和徐征编写任务3.1，周乐峰和马阿娟编写任务3.2。

　　本书承蒙丽水学院工学院院长朱银法教授审阅并给予专业指导，在此深表感谢。在编写过程中，本书得到了丽水欧意阀门有限公司等校企合作单位的大力支持，同时参考了相关文献及网络资源，在此一并表示衷心感谢。由于编者水平有限，书中难免存在疏漏与不足之处，恳请广大师生和读者批评指正。

编　者
2025年3月

本二维码内包含思考与练习答案，读者扫描右侧二维码，即可获取资源。

目　录

项目 1　编程入门——轮廓精车编程 ·· 1

　　任务 1.1　使用 G01 指令的阶梯轴的精车编程 ·· 1

　　任务 1.2　使用 G02/G03 指令的成形面轴的精车编程 ······································· 19

项目 2　FANUC 0i/0i Mate T 数控车床的基本操作 ·· 37

　　任务 2.1　数控车床的认识与操作 ··· 37

　　任务 2.2　对刀操作与自动加工 ··· 54

项目 3　轴的加工 ··· 71

　　任务 3.1　使用 G90/G94 简单循环指令的圆柱/圆锥轴加工 ······························· 71

　　任务 3.2　使用 G71/G72/G73/G70 复合循环指令的成形面轴加工 ······················ 88

项目 4　孔的加工 ··· 107

　　任务 4.1　使用 G74 循环指令的套类零件加工 ··· 107

　　任务 4.2　使用 G90 或 G71/G70 循环指令的孔加工 ······································· 124

项目 5　槽的加工 ··· 141

　　任务 5.1　使用 G75 循环指令的槽加工 ··· 141

　　任务 5.2　使用子程序的槽加工 ··· 156

项目 6　螺纹的加工 ·· 175

　　任务 6.1　使用 G32/G92/G76 指令的外螺纹加工 ·· 175

　　任务 6.2　使用 G32/G92/G76 指令的内螺纹加工 ·· 197

项目 7　宏程序 ·· 215

　　任务 7　使用宏程序的二次曲线回转面加工 ·· 215

参考文献 ··· 236

项目 1

编程入门——轮廓精车编程

任务 1.1 使用 G01 指令的阶梯轴的精车编程

知识目标
(1) 掌握数控车床编程坐标系。
(2) 熟悉数控车削程序的特点。
(3) 掌握数控程序结构的基本知识。
(4) 掌握 G00、G01 等指令。
(5) 掌握英制尺寸与公制尺寸、绝对尺寸与增量尺寸、直径编程与半径编程等知识。
(6) 初步掌握轴类零件加工的基本工艺知识。

能力目标
(1) 能通过分析零件图建立编程坐标系。
(2) 能进行轴类零件加工的基本工艺分析。
(3) 能正确运用 G00、G01 等指令进行加工程序的编制。
(4) 会设置安全、高效的循环起点与换刀点。
(5) 会编写最简单的数控车削程序。

素养目标
(1) 激发爱国情怀,增强民族自豪感和使命感。
(2) 树立正确的学习观、价值观,自觉践行职业道德规范。
(3) 牢固树立质量意识,培养工匠精神。

> **励志故事**
>
> **从神舟一号到神舟二十号**
>
> 2025年4月24日，神舟二十号载人飞船成功发射。我国自1992年正式启动载人航天计划以来，已成功发射了多艘神舟飞船、天宫一号目标飞行器、天宫二号空间实验室、天舟系列货运飞船、天宫空间站等，逐步构建了完整的载人航天体系。中国航天发展史是一部中华民族自力更生、自主创新的历史。从东方红一号到嫦娥探月工程，再到天问火星探测任务，中国载人航天精神已经成为中华民族精神的重要组成部分，激励着我们沿着先辈的足迹在攀登科技高峰、实现民族复兴的征程上阔步疾行。

1.1.1 任务描述

通过编制图1-1所示的阶梯轴的轮廓精加工车削程序，学习编程坐标系、数控程序基本结构、快速点定位指令G00、直线插补指令G01、直径编程、绝对编程与增量编程以及F、M、S、T等指令的相关知识，并初步掌握基本的工艺分析技能，为后续学习程序编写打下基础。该工件材料为2A16。

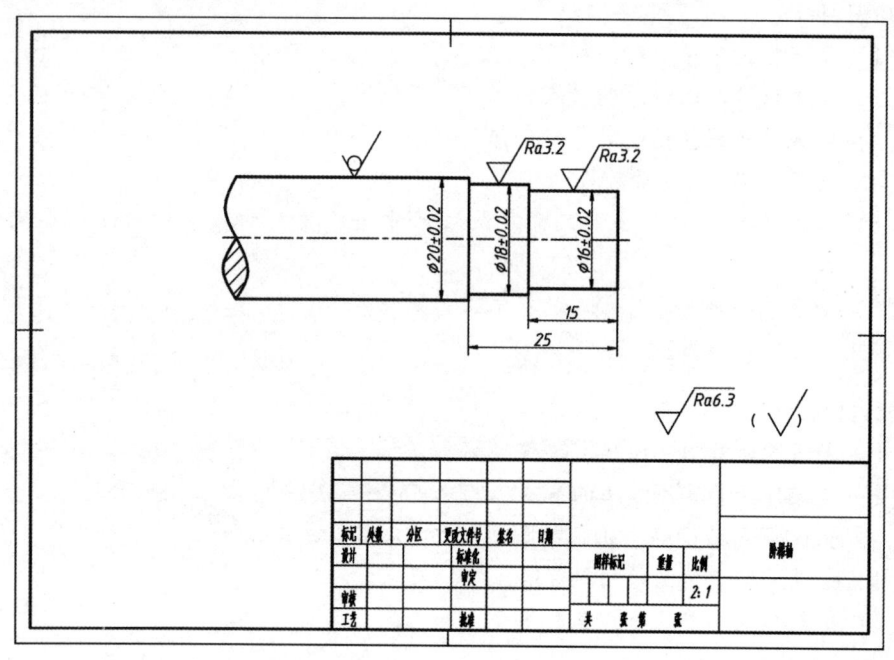

图1-1 阶梯轴

1.1.2 知识准备

在数控车床上加工零件时，首先要进行程序编制（简称编程），程序中包含描述零件形状的坐标值，而所有坐标值的确立都基于特定的坐标系。

1. 编程坐标系

（1）编程坐标系的概念

编程坐标系是编程人员根据零件图样及加工工艺等，在零件图纸上建立的坐标系。编程坐标系供编程使用，数控程序中的坐标值均以此坐标系为依据。

（2）编程原点的选择

编程原点就是编程坐标系的原点。为了使编程时坐标计算更简单，编程原点一般根据零件的设计基准或工艺基准，设在工件左端面或右端面中心。

（3）编程坐标系的建立

编程坐标系是以零件轴线为 Z 轴，以零件直径方向为 X 轴的直角坐标系。X 轴的正方向为远离工件的方向，Z 轴的正方向为远离卡盘的方向，如图 1-2 所示。在图 1-2（a）与图 1-2（b）中，X 轴的正方向分别指向上、下两个不同的方向；它们分别对应刀架后置式数控车床与刀架前置式数控车床，但所编制的程序完全通用。

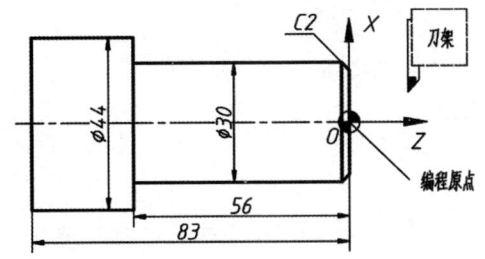
（a）刀架后置式数控车床的编程坐标系

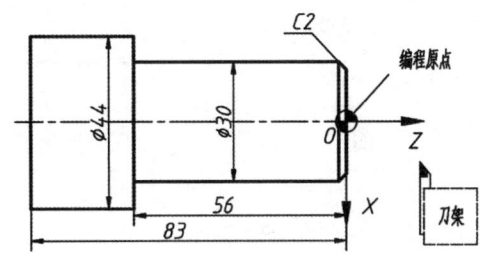
（b）刀架前置式数控车床的编程坐标系

图 1-2　不同数控车床的编程坐标系

编程人员在编制程序时，只要根据零件图样就可以设定编程原点、建立编程坐标系、计算坐标值，而不必考虑工件毛坯装夹的实际位置。

2. 编程坐标值的计算

在零件图纸上设定好编程原点，建立编程坐标系后，需要计算零件加工轮廓的基点坐标值和节点坐标值，以便编制程序。

（1）基点坐标值的计算

构成零件轮廓的不同几何素线的交点或切点称为基点，如轮廓曲线的两条直线的交点、直线与圆弧的切点或交点、圆弧与圆弧的切点或交点等。基点可以直接作为刀具切削的起点或终点。

基点坐标值的计算包括以下内容：刀具切削过程中每条运动轨迹的起点和终点在选定的编程坐标系中的坐标值，刀具切削圆弧时的圆心坐标值。

在手工编程中，有些基点坐标值可以根据零件图样尺寸运用代数运算得到，有些基点坐标值可利用如三角函数或解析几何的有关知识计算求出。为了提高效率、减少错误，还可以利用 CAD 软件等求取坐标值，或直接采用自动编程。在计算时，要注意小数点后的位数要留够，以保证在数控加工后有足够的精度。

（2）节点坐标值的计算

节点的概念及其坐标值的计算，参见本书项目 7 中的"二次曲线回转面的加工方法"。

1.1.3 数控加工零件程序

1. 零件程序的结构

一个零件程序是由遵循一定结构、句法和格式规则的若干个程序段组成的,而每个程序段是由若干个指令字组成的。

零件程序由程序号、程序内容和程序结束符三部分组成,如图 1-3 所示。

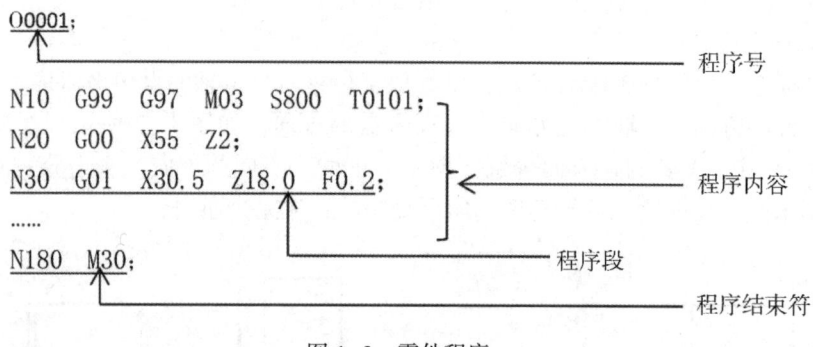

图 1-3 零件程序

（1）程序号

为了区别存储器中的不同程序,每个程序都要有程序号。FANUC 系统的程序号由英文字母 O 和 1~4 位正整数组成,例如 O0001。程序号一般要求单列一行。

（2）程序内容

程序内容是由表示加工顺序、刀具的各种运动轨迹和各种辅助动作的若干个程序段组成的。每个程序段一般占一行。

（3）程序结束符

程序结束符一般为 M02 或 M30,它必须写在程序的最后。一般要求单列一段。

2. 程序段的格式

程序段的格式是程序段中的字、字符和数据的安排形式,即排列书写方式和顺序。

程序段的一般格式：N×××× G×× X（U）±××××.×××× Z（W）±××××.×××× R×××× F×××× S×××× T×××× M××;

其中：

①N××××：程序段的名称,即程序段号（又称"顺序号"）,后续数字为 1~9999。位于程序段之首,一般可以省略。它与程序执行的先后次序无关,但建议以 5 或 10 为间隔升序书写,以便修改时插入程序段。其作用是便于对程序进行校对和检索修改,以及作为条件转向目标程序段的名称。

②G××：准备功能字,又称"G 功能""G 指令""G 代码",后续数字为 00~99,用于设定机床或数控系统的工作方式。FANUC 0i/0i Mate T 系统常用 G 代码如表 1-1 所示。

③X（U）±××××.×××× Z（W）±××××.××××：坐标尺寸字,后续数字为-9999.9999~9999.9999,用于指定刀具运动后应达到的坐标,即终点坐标。

④R××××：坐标尺寸字,用于指定圆弧的半径或在循环指令中实现特定功能。

⑤F××××：进给速度功能字，又称"F功能""F指令"，用于指定刀具进给速度；在加工螺纹时表示导程。

⑥S××××：用于指定主轴转速，又称"S功能""S指令"。

⑦T××××：用于加工时指定刀具，又称"T功能""T指令"。

表 1-1　FANUC 0i/0i Mate T 系统常用 G 代码

G 代码	组	功能	G 代码	组	功能
G00	01	快速点定位	G54～G59	14	选择工件坐标系 1～6
*G01		直线插补	G65		宏程序调用
G02		顺时针圆弧插补	G70		精车切削循环
G03		逆时针圆弧插补	G71		内外圆粗车切削循环
G04	00	暂停	G72	00	端面粗车切削循环
G20	06	英制尺寸	G73		轮廓粗车切削循环
*G21		公制尺寸	G74		端面深孔加工循环
G28	00	返回参考点	G75		外径/内径车槽循环
G30		返回第二参考点	G76		螺纹切削复合循环
G32	01	切削螺纹	G90	01	内/外径切削循环
*G40	07	取消刀尖圆弧半径补偿	G92		螺纹切削固定循环
G41		刀尖圆弧半径左补偿	G94		端面切削循环
G42		刀尖圆弧半径右补偿	G96	02	主轴恒线速度设置
G50	00	坐标系设定；限制主轴最高转速	G97		主轴恒线速度设置取消
G52		设置局部坐标系	G98	05	每分钟进给率
G53		选择机床坐标系	*G99		每转进给率

注：①"*"号为缺省 G 代码，即在机床系统上电时被初始化为该功能。

②在同一程序段中可以指定不同组的几个 G 代码，且与顺序无关；若在同一程序段中指定同组的 G 代码，后面的 G 代码有效。不同系统的 G 代码功能不一定一致，即使是同型号的系统，也未必相同，编程时要以系统说明书所规定的代码进行编程。

⑧M××：辅助功能字，又称"M 功能""M 指令""M 代码"，后续数字为 00～99，用于指定数控机床辅助装置的开关动作或程序的状态，FANUC 0i/0i Mate T 系统常用辅助功能字如表 1-2 所示。

表 1-2　FANUC 0i/0i Mate T 系统常用辅助功能字

M 代码	功能	M 代码	功能
M00	程序暂停	M04	主轴逆时针旋转
M01	计划停止	M05	主轴旋转停止
M02	程序停止	M07	2 号切削液开
M03	主轴顺时针旋转	M08	1 号切削液开

（续表）

M 代码	功能	M 代码	功能
M09	切削液关	M98	调用子程序
M30	程序停止并返回开始处	M99	返回主程序

不需要在每次运行中都执行的程序段可以跳过，只需在这些程序段号前输入斜线"/"，然后通过操作机床控制面板使该功能生效。

若程序段中各坐标值为整数，则输入时是否需要添加小数点由数控系统的参数设置决定。

3. 模态指令与非模态指令

（1）模态指令

模态指令也称续效指令，是指数控程序中相应字段的值，设置后一直有效，直至某程序段又对该字段进行重新设置或被同组指令取代。

（2）非模态指令

非模态指令也称非续效指令，其功能仅在所在的程序段中有效。

4. 直径编程与半径编程

数控车床的工件外形为回转体，编程时其 X 坐标可采用直径编程和半径编程两种方式来指定。FANUC 0i/0i Mate T 数控车床的直径编程或半径编程由 1006 号参数的第三位（DIA）设定。目前，数控车床出厂时一般设置为直径编程方式，这是由于直径编程与图样中的尺寸标注一致，可以避免尺寸换算。但编程涉及直径和半径的转换时，要注意表 1-3 所列的条件。

表 1-3 直径编程与半径编程的应用

应用场合	注释
X 轴指令	用直径值指定
增量指令	用直径值指定
坐标系设定（G50）	用直径值指定
复合循环中的参数	用半径值指定
圆弧插补中的半径	用半径值指定
X 轴位置的显示	按直径值显示

5. 绝对值编程与增量值编程

根据零件图样尺寸，一个程序段中可以采用绝对值编程和增量值编程两种方式；一个程序段中也可以混合使用这两种方式，这也被称为混合编程。在 FANUC 系统中，X 轴和 Z 轴的增量坐标分别使用 U 和 W 作为尺寸字。

当使用绝对值编程时，X、Z 后面的数值表示目标位置在工件坐标系中的坐标。当使用增量值编程时，U、W 后面的数值表示目标点与当前点之间的距离和方向。

例如，在图 1-4 中，A 点坐标为（X42.0，Z3.0），B 点坐标为（X20.0，Z3.0）。刀具由 A 点快速移动到 B 点，分别用绝对值编程、增量值编程及混合编程的程序段为：

```
G00  X20.0  Z3.0；绝对值编程
G00  U-22.0  W0；增量值编程
G00  X20.0  W0；混合编程
```

FANUC、SIEMENS、华中等数控系统在绝对值编程和增量值编程的指令设置上有所不同，编程时需要注意这一点。

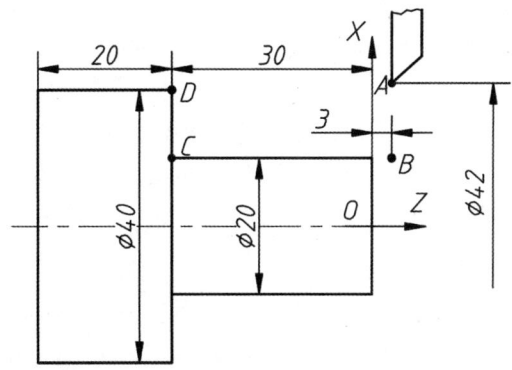

图 1-4 绝对值编程与增量值编程示例

6. 英制尺寸与公制尺寸

工件所标注尺寸的尺寸系统可能不同于机床数控系统设定的尺寸系统（公制或英制），但这些尺寸可以直接输入到程序中，系统会完成尺寸的转换工作。

指令格式：G20/G21

说明：

①G20 为英制指令，尺寸单位为英寸（in）；G21 为公制指令，尺寸单位为毫米（mm）。

②G20 和 G21 都是模态指令，可以互相注销。一般机床默认为公制指令。

7. 快速点定位指令 G00 与直线插补指令 G01

（1）快速点定位指令 G00

G00 指令使刀具以点位控制方式，从刀具所在位置快速移动到目标位置。在使用 G00 指令的程序中，刀具在程序段开始时加速到预定速度，而在程序段结束时减速。在确认到位以后执行下一个程序段。G00 为模态指令。

格式：

G00 X（U）_____ Z（W）_____；

说明：

①采用绝对值编程时，X、Z 后的值是刀具的终点坐标值。

②采用增量值编程时，U、W 后的值是刀具的终点相对于起点移动的距离。

注意：

①快速移动的速度不能用程序中的 F 指令指定，而应由计算机数字控制（Computer Numerical Control，CNC）参数设定，并可通过机床面板的倍率来调整。在设定时，X 轴、Z 轴方向的快速移动的速度应相同。

②使用 G00 指令时，刀具的实际路线并不是直线，而是一条折线。刀具在运动过程中先沿 X 轴与 Z 轴成 45°夹角的方向走完 X（U）与 Z（W）中的较小值，再沿与坐标

轴平行的方向走完较大值,最终到达目标位置。因此,在使用 G00 指令时要注意刀具与工件及夹具不发生碰撞。

(2) 直线插补指令 G01

G01 指令使刀具以 F 指令指定的进给速度沿直线移动到指定的位置,其为模态指令。

格式:

G01 X(U)____ Z(W)____ F_____;

说明:

①采用绝对值编程时,X、Z 后的值是刀具的终点坐标值。

②采用增量值编程时,U、W 后的值是刀具的终点相对于起点移动的距离。

③F 后的值为刀具的进给速度,其倍率可通过机床面板调整。

注意:

进给速度由 F 指令决定,F 指令也是模态指令。如果在 G01 程序段之前没有 F 指令,且现在的 G01 程序段中也没有 F 指令,则进给速度就为 0,机床不运动,并且数控系统会报警。

8. 切削区域与精加工路线规划

零件加工需要切除多余的毛坯材料,而零件的轮廓与需要切除的毛坯材料的边界就构成了一个封闭的切削区域。在该区域内的材料就是编制的数控加工程序要切削的对象,是刀具切削运动的最小极限范围。图 1-5 (a) 所示为最小极限范围的切削区域,图 1-5 (b) 所示为扩大到具有一定空切削行程范围的切削区域。

在图 1-5 (a) 中,S、P、Q 为所定义切削区域的极限点,实际确定走刀路线时,要考虑到刀具撞刀的可能、刀具切入切出处工件质量的要求、为减少走刀时间采用最短刀具路径的要求,需要将切削区域扩大到图 1-5 (b) 所示的情况。

在图 1-5 中,P 点为轮廓精加工的起点,Q 点为轮廓精加工的终点。车削工件轮廓,从 P 点开始,到 Q 点结束。若 P 点与 Q 点之间存在多个基点或节点,则从 P 点到 Q 点形成的路径即为复杂轮廓,P、Q 两点间的复杂轮廓即为轮廓精加工路线。考虑到后面编程的需要,我们将刀具的起点 S 称为循环起点;将从 S 点到 P 点,再到 Q 点所形成的复杂轮廓称为精车进给路线。

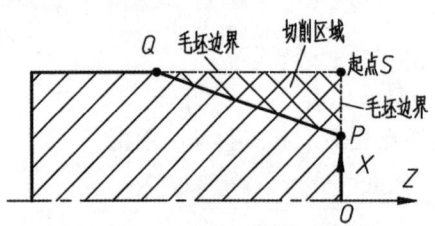
(a) 最小极限范围的切削区域

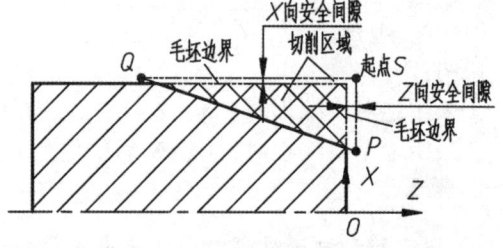
(b) 扩大到具有一定空切削行程范围的切削区域

图 1-5 封闭的切削区域

起点 S 相对工件在 X 轴方向或 Z 轴方向的安全间隙的设置要以保障安全、确保质量、提高效率为原则,同时考虑操作工人的熟练程度、批量生产中新更换的工件的毛坯长度误差等因素。

9. 工件的加工方案

(1) 外圆柱面的加工方案

根据毛坯的制造精度和工件的加工要求,数控车削外圆柱面加工一般有粗车、半精车、精车、精细车四种方法。

粗车的目的是切去毛坯硬皮和大部分余量。粗车后,工件的公差等级为 IT11~IT13,表面粗糙度为 $Ra12.5 \sim 50 \mu m$。

半精车可作为中等精度表面的终加工,也可作为磨削或精加工的预加工。半精车后,工件的公差等级可达 IT8~IT10,表面粗糙度为 $Ra3.2 \sim 6.3 \mu m$。

精车可以作为产品的最终加工。精车后,工件的公差等级可达 IT7~IT8,表面粗糙度为 $Ra0.8 \sim 1.6 \mu m$。

精细车尤其适合有色金属加工,有色金属一般不宜采用磨削,所以常用精细车代替磨削。精细车后,工件的公差等级可达 IT6~IT7,表面粗糙度为 $Ra0.025 \sim 0.4 \mu m$。

对外圆柱面进行加工时,可根据不同的加工需求,选择不同的加工方案:

①加工公差等级为 IT8~IT10、表面粗糙度为 $Ra3.2 \sim 6.3 \mu m$ 的常用金属(除淬火钢外),可采用普通型数控车床,按粗车、半精车的方案加工。

②加工公差等级为 IT7~IT8、表面粗糙度为 $Ra0.8 \sim 1.6 \mu m$ 的常用金属(除淬火钢外),可采用普通型数控车床,按粗车、半精车、精车的方案加工。

③加工公差等级为 IT6~IT7、表面粗糙度为 $Ra0.025 \sim 0.4 \mu m$ 的常用金属(除淬火钢外),可采用精密型数控车床,按粗车、半精车、精车、精细车的方案加工。

④加工公差等级高于 IT5、表面粗糙度小于 $Ra0.08 \mu m$ 的常用金属(除淬火钢外),可采用高档精密型数控车床,按粗车、半精车、精车、精细车的方案加工。

⑤对淬火钢等难切削材料,其淬火前可采用粗车、半精车的方案加工,淬火后安排磨削加工;对最终工序有必要用数控车削方法加工的难切削材料,可参考有关难加工材料的数控车削方法进行加工。

(2) 轴类工件的加工方案

①车削短小的工件时,一般先车削某一端面,以便确定长度方向的尺寸;车削铸锻件时,最好先进行适当的倒角,再进行车削,这样可以有效避免刀尖碰到型砂和硬皮而使刀具损坏。

②轴类工件的定位基准一般选用中心孔。在加工中心孔之前,应先车削端面,然后再钻中心孔,这样可以提高中心孔的加工精度。

③当工件车削后还需要进行磨削时,就只需粗车或半精车加工,并注意预留足够的磨削余量。

1.1.4 方案设计

1. 小组分工

教师引导学生进行小组分工,组长根据实际情况填写表 1-4。

表 1-4 小组分工

小组信息	班级名称		日 期	
	小组名称		组长姓名	
	岗位分工			
	成员姓名			

2. 讨论工作计划

小组成员共同讨论工作计划,分析并列出本次任务中的操作重点。

(1) 零件结构分析

①零件的外轮廓由两个外圆柱面组成。

②本道工序内容为完成零件右端的外轮廓的精车。

(2) 数控车削加工工艺分析

①装夹方案与夹具。使用三爪自定心卡盘装夹 $\phi 20$ mm 棒料的外表面。

②加工方法。一次装夹完成右端全部轮廓的加工。

③刀具选择。采用 93°外圆车刀,刀具号、刀具位置补偿(简称刀补)号均选 1 号。

④切削用量。因加工余量小,采用一次切削,主轴转速设定为 1000 r/min,进给速度设定为 0.1 mm/r。

(3) 选择编程原点并确定编程思路

①设定编程坐标系及编程原点。如图 1-6 所示,选取工件右端面中心为编程原点 O。

②编程思路。

- 根据现有知识水平,编程准备功能指令选用 G00、G01。
- 为便于换刀、停车测量等,可以设定 (50, 150) 为换刀点。

(4) 确定加工进给路线

①设计循环起点以及轮廓精加工的起点和终点。Q 点为循环起点,其选择很重要,它应趋近工件,并具有安全间隙。A 点为轮廓精加工的起点,H 点为轮廓精加工的终点。A 点和 H 点应在工件之外,与工件有一定的安全间隙。

②设计进给路线。由换刀点 (50, 150) 进到 Q 点,由 Q 点快进到 A 点,然后工作进给车削外圆柱 AC、台肩 CD、外圆柱 DE、台肩 EF,再由 H 点快速退刀到换刀点 (50, 150),如图 1-6 所示。

(5) 确定基点坐标

如图 1-6 所示,在所设置的工件坐标系中确定换刀点、循环起点及各基点的坐标值。

点	X	Z
换刀点	50	150
Q	25	2
A	16	2
B	16	0
C	16	−15
D	18	−15
E	18	−25
F	20	−25
H	22	−25

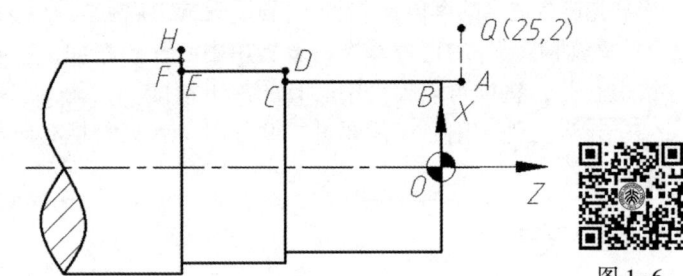

图 1-6 阶梯轴进给路线

注:由于版面限制,本图未画出换刀点,可扫描右侧二维码,查看完整路线图。

视频：阶梯轴进给路线

（6）填写数控加工工序卡

阶梯轴的数控加工工序卡如表 1-5 所示。

表 1-5 阶梯轴的数控加工工序卡

工序号		工序内容				
零件名称		零件图号	材料	夹具名称		使用设备
阶梯轴		图 1-1	2A16	三爪自定心卡盘		数控车床
工步号	工步内容	刀具号	主轴转速 n/（r/min）	进给速度 f/（mm/min）	背吃刀量 a_p/mm	备注
1	粗车右外廓	T0101	800	0.2	2	
2	精车右外廓	T0101	1200	0.1	0.5	
编制		审核		批准	第　页	共　页

1.1.5 任务实施

依据方案设计中选取的编程原点 O 及各基点的坐标值，编制阶梯轴（右端）轮廓精加工程序。参考程序如表 1-6 所示，其中阴影部分为精加工路线程序。

表 1-6 阶梯轴（右端）轮廓精加工程序

程序段号	绝对值编程	增量值编程	混合编程	注释
	O1001;	O1002;	O1003;	程序号
N10		T0101;		选择 1 号刀并调用 1 号刀补
N20		M03 S1200;		主轴正转，转速为 1200 r/min
N30		G00 X25.0 Z2.0;		快速移动到循环起点 Q（25，2）
N40	X16.0 Z2.0;	U-9.0 W0;	X16.0 W0;	车削至 A（16，2）
N50	G01 Z-15.0 F0.1;	G01 W-17.0 F0.1;	G01 Z-15.0 F0.1;	车削至 C（16，-15），进给速度为 0.1 mm/r
N60	X18.0;	U2.0;	X18.0;	车削至 D（18，-15）

(续表)

程序段号	绝对值编程	增量值编程	混合编程	注释
N70	Z-25.0;	W-10.0;	W-10.0;	车削至 E (18, -25)
N80	X22.0;	U4.0;	X22.0;	车削至 H (22, -25)
N90	G00 X50.0 Z150.0;	G00 U28.0 W175.0;	G00 X50.0 Z150.0;	退刀到换刀点 (50, 150)
N100	M05;			主轴停止
N110	M30;			程序结束

1.1.6 检查评估

阶梯轴轮廓精加工程序编写评分标准如表 1-7 所示。

表 1-7 阶梯轴轮廓精加工程序编写评分标准

姓名			零件名称	阶梯轴	时间		总得分	
项目	序号	考核内容	考核条目			配分	检测记录	得分
工艺与程序	1	工艺合理	(1) 零件结构工艺性			5		
			(2) 装夹与定位方法			5		
			(3) 加工路线的制订			5		
			(4) 进给路线的制订			5		
	2	程序格式规范	(1) 刀具指令正确			5		
			(2) 主轴运动正确			5		
			(3) 运动指令格式正确			5		
			(4) 程序段以";"结束			5		
	3	程序参数选择合理	(1) 主轴转速值合理			5		
			(2) 背吃刀量合理			5		
			(3) 进给速度合理			5		
	4	指令选用正确	(1) T、M、S 指令运用正确			5		
			(2) G01 指令运用正确			10		
			(3) G00 指令运用正确			10		
	5	程序正确、完整	(1) 有程序号			5		
			(2) 有程序结束指令			5		
			(3) 程序内容正确			5		
			(4) 基点计算正确			5		

1.1.7 项目实训

编制图 1-7 所示轴的轮廓精加工程序,零件材料为 φ22 mm 2A16。

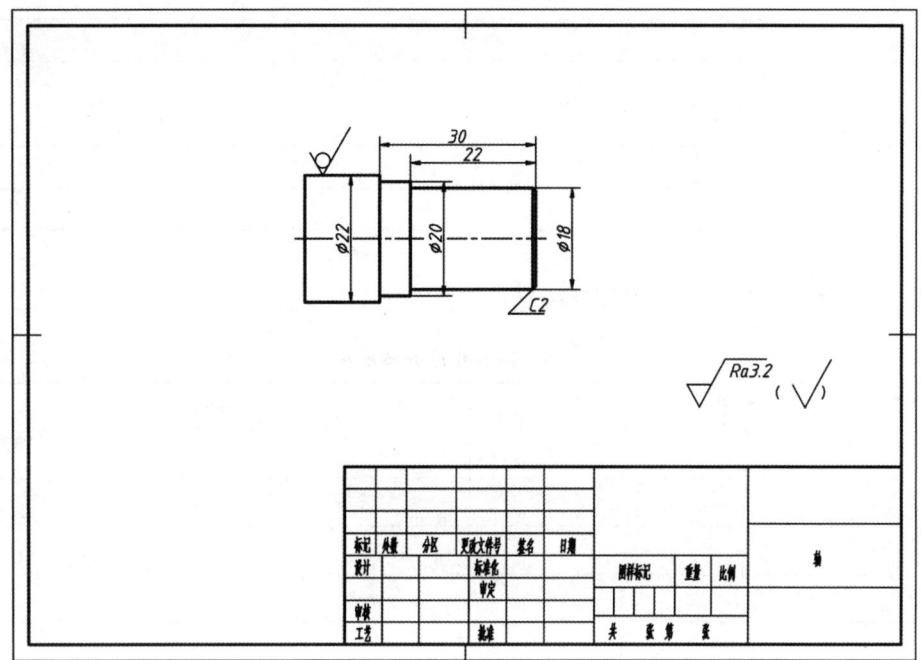

图 1-7 轴

1. 思考

(1) 零件材料的切削性能怎样?如何根据零件材料选择刀具?
(2) 该零件材料是否可以一次切削到图样尺寸?为什么?
(3) 为什么编程坐标系适合建立在设计基准或工艺基准上?
(4) 数控车床编程用直径编程的优势在哪里?
(5) 增量值编程有什么优点与缺点?
(6) 根据已有知识,如何规划倒角及加工进给路线?

2. 计划与决策

分析零件结构与程序结构、选择刀具与切削用量、确定编程原点与编程思路、确定加工进给路线方案、计算基点。

3. 实施

在表1-8中编写程序,并对程序段做注释。

表1-8 编写程序并做注释

程序	注释

4．检查

按表1-9的项目与评分标准对项目实训进行检查与考核。

表1-9 轴的程序编写评分标准

姓名			零件名称	阶梯轴	时间		总得分	
项目	序号	考核内容		考核条目		配分	检测记录	得分
工艺与程序	1	工艺合理		（1）零件结构工艺性		5		
				（2）装夹与定位方法		5		
				（3）加工路线的制订		5		
				（4）进给路线的制订		5		
	2	程序格式规范		（1）刀具指令正确		5		
				（2）主轴运动正确		5		
				（3）运动指令格式正确		5		
				（4）程序段以";"结束		5		
	3	程序参数选择合理		（1）主轴转速值合理		5		
				（2）背吃刀量合理		5		
				（3）进给速度合理		5		
	4	指令选用正确		（1）T、M、S指令运用正确		5		
				（2）G01指令运用正确		10		
				（3）G00指令运用正确		10		
	5	程序正确、完整		（1）有程序号		5		
				（2）有程序结束指令		5		
				（3）程序内容正确		5		
				（4）基点计算正确		5		

5．小结与评价

按表1-10规定的评价项目对学生项目实训进行评价。小组成员各自完成"自我评价"，组长完成"小组评价"，教师完成"教师评价"。最后学生分组上交文件材料及产品，做好实训室5S管理。

表1-10 任务评价表

姓名		班级		学号		日期	
序号		检查项目		自我评价	小组评价	教师评价	备注
1		遵守安全操作规范					
2		态度端正，工作认真					
3		能提前进行学习，并积极参加讨论					
4		能熟练、多渠道地查找参考资料					

(续表)

序号	检查项目	自我评价	小组评价	教师评价	备注
5	能正确说出操作重点				
6	工作步骤执行、操作规范熟练				
7	能在规定时间内完成任务，并按要求上交（或打印）任务结果				
8	遵守纪律，积极协作				
9	做好设备保养工作				
10	做好5S管理工作				
	合计				
	总分				

注：①采用 10-9-7-5-3-0 分制给分。

②总分＝"自我评价"分数×20%＋"小组评价"分数×30%＋"教师评价"分数×50%。

思考与练习

1. 判断题

（1）编程坐标系的原点由编程人员确定。（   ）

（2）工件坐标系的原点由编程人员确定。（   ）

（3）数控车床的编程坐标系的 Z 轴设置在工件回转中心。（   ）

（4）基点是零件轮廓几何要素之间的连接点。（   ）

（5）准备功能字 G 代码主要用来控制主轴的开、停，切削液的开关等动作。（   ）

（6）所有的 F、S、T 代码均为模态代码。（   ）

（7）G00 是非切削的快速直线运动指令。（   ）

（8）G00 指令的运动轨迹不可能是直线。（   ）

（9）G00 指令的运动速度由 F 指令指定。（   ）

（10）G01 指令的运动轨迹是直线。（   ）

（11）CNC 机床提供了快速运动定位的功能，它的主要目的就是缩短切削操作时间，即切削刀具与工件接触的移动时间。（   ）

（12）FANUC 系统数控车床的进给方式分为每分钟进给和每转进给两种，一般可用 G98 指令和 G99 指令来区分。（   ）

（13）精车后的公差等级可达 IT7～IT8，表面粗糙度为 $Ra0.8$～$1.6\mu m$。（   ）

（14）通常轴类工件选用中心孔为定位基准。（   ）

（15）在编制加工程序时，程序段号可以不写或不按顺序写。（   ）

（16）程序执行的顺序和程序输入的顺序有关，而与顺序号的大小无关。所以，整个程序中也可以不设置顺序号，或只在需要的部分设置顺序号。（   ）

（17）T0101 表示选用 1 号刀并调用 1 号刀补。（   ）
（18）用 G01 指令编程时，如果没有指定进给速度，就认为进给速度为 0。（   ）
（19）非模态指令只能在本程序段内有效。（   ）
（20）指令分为模态指令和非模态指令两种。非模态指令具有续效性，在后续程序段中，只要其他 G 代码未出现就一直有效，直到被其他代码取代为止。（   ）
（21）M30 指令与 M02 指令的功能相同。（   ）
（22）绝对值编程和增量值编程不能在同一程序中混合使用。（   ）
（23）对某一特定的 CNC 系统而言，每个指令字只能以规定的方式编写。（   ）

2. 选择题

（1）数控编程时，应首先设定（   ）。
A. 机床原点　　　B. 固定参考点　　　C. 机床坐标系　　　D. 工件坐标系
（2）根据 ISO 标准，数控机床的坐标系在编程时采用（   ）的规则。
A. 刀具相对静止而工件运动　　　　B. 工件相对静止而刀具运动
C. 工件随工作台运动　　　　　　　D. 刀具随主轴移动
（3）刀具远离工件的运动方向为坐标的（   ）方向。
A. 左　　　　　B. 右　　　　　C. 正　　　　　D. 负
（4）关于程序段号的描述，错误的是（   ）。
A. 程序段号由小到大出现在程序中，程序按程序段号从小到大的次序运行
B. 程序段号可以根据程序情况省略
C. 程序段号可用于程序段检索
D. 条件转向目标程序段需要程序段号
（5）属于准备功能字的是（   ）。
A. T0101　　　B. M03　　　C. G00　　　D. S1200
（6）M 代码控制机床的各种（   ）。
A. 辅助动作状态　　B. 运动状态　　C. 刀具选择　　D. 模态指令
（7）不属于模态指令的是（   ）。
A. S 指令　　　B. F 指令　　　C. G01　　　D. G04
（8）FANUC 系统中，表示任选停止，也称选择停止的指令是（   ）。
A. M01　　　B. M00　　　C. M02　　　D. M30

3. 简答题

（1）编写数控程序时为什么首先要确定编程坐标系？
（2）数控车床编程坐标系的 X、Z 坐标轴及其正方向是如何规定的？
（3）数控车床的编程原点应该如何选定？
（4）数控程序一般应由哪几个部分组成？
（5）简述对程序字、程序段、数控程序格式的认识。

4. 编程题

编制图 1-8 所示各轴零件的精加工程序。

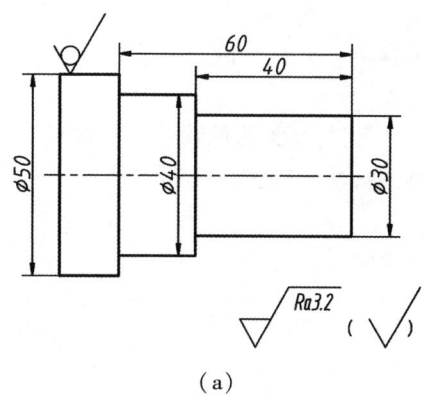 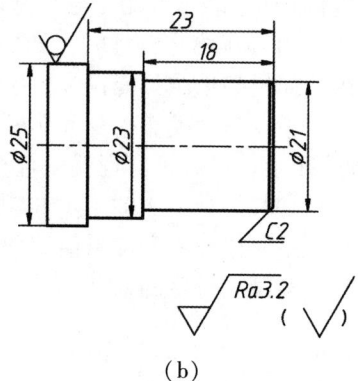

(a)   (b)

图 1-8 零件

任务1.2　使用 G02/G03 指令的成形面轴的精车编程

知识目标

(1) 掌握 G02、G03 等基本功能指令知识。
(2) 掌握 G01 直线后倒角/倒圆指令知识。
(3) 了解自动返回参考点指令。
(4) 理解刀具干涉知识。
(5) 掌握刀尖圆弧半径补偿知识及 G41、G42、G40 指令与格式知识。
(6) 掌握切削速度控制指令 G96 与 G50。

能力目标

(1) 能正确运用 G02、G03 编程。
(2) 能正确运用 G01 直线后倒角、倒圆编程。
(3) 能正确运用刀尖圆弧半径补偿指令编程。

素养目标

(1) 激发爱国情怀，增强民族自豪感和使命感。
(2) 树立正确的学习观、价值观，自觉践行职业道德规范。
(3) 牢固树立质量意识，培养工匠精神。

励志故事

大国重器——国产水陆两栖飞机 AG600

2020 年 7 月 26 日，中国自主研发的大型水陆两栖飞机——"鲲龙"AG600 成功实现海上首飞。这是历史性的时刻，标志着中国通用航空产业乃至整个航空工业取得了重大历史性突破。AG600 填补了中国在大型水陆两栖飞机领域的研制空白，其制造设计和工艺制造难度远高于传统的运输类飞机，成为继运-20、C919 之后，中国大飞机家族新添的重要一员。

1.2.1　任务描述

通过编制图 1-9 所示的成形面轴（右端）的轮廓精车程序，学习 G02/G03 圆弧插补指令、G01 直线后倒角/倒圆指令、刀尖圆弧半径补偿指令 G41/G42/G40 及切削速度控制指令等知识,以及掌握基本的工艺分析技能,为后续学习打下基础。已知毛坯为 $\phi 35$ mm 2A16。

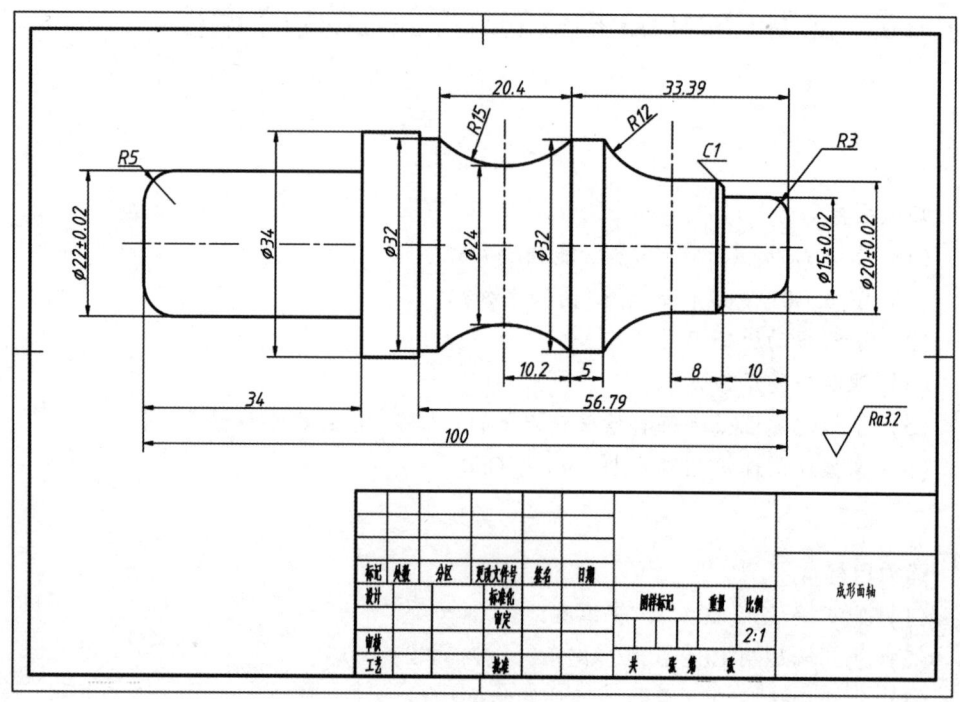

图 1-9 成形面轴

1.2.2 知识准备

1. 圆弧插补指令 G02、G03

格式:

G02/G03 X(U)____Z(W)____R____F____;

G02/G03 X(U)____Z(W)____I____K____F____;

说明:

①G02 指令为顺时针圆弧插补,G03 指令为逆时针圆弧插补,二者均为模态指令。圆弧顺逆方向的判别方法为:在右手笛卡儿坐标系内,沿着不在圆弧平面内的 Y 轴,由正方向向负方向看,顺时针方向加工用 G02 指令,逆时针方向加工用 G03 指令,如图 1-10 所示。

②X、Z 后的值为圆弧终点的绝对坐标;U、W 后的值为圆弧终点相对于起点的增量坐标。

③R 后的值为圆弧半径;I 后的值为圆心与圆弧起点在 X 轴方向的差值(半径值),有正负之分;K 后的值为圆心与圆弧起点在 Z 轴方向的差值,有正负之分,如图 1-11 所示;F 后的值为加工圆弧时的进给速度。

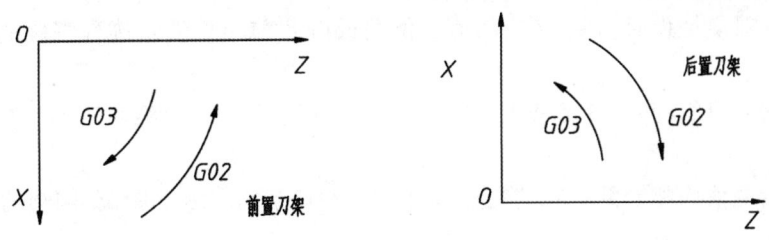

图 1-10　G02/G03 的判别

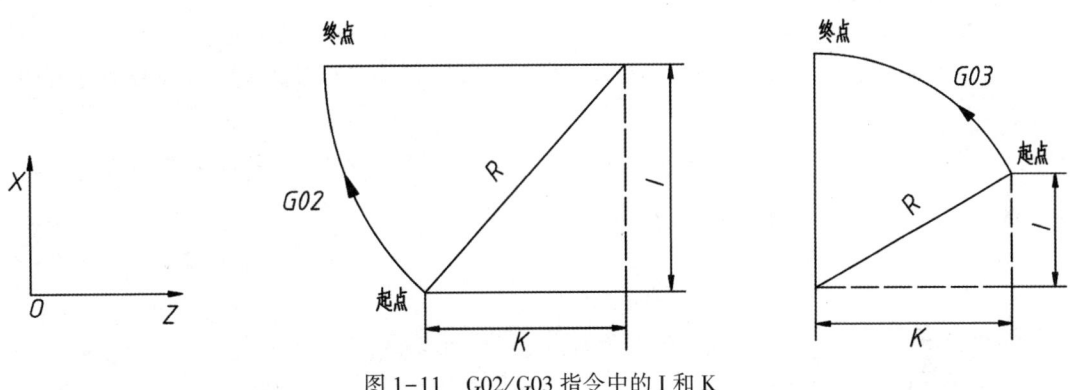

图 1-11　G02/G03 指令中的 I 和 K

2. 直线后倒角与直线后倒圆指令 G01

格式：

G01 X（U）____ Z（W）____ C ____ F ____；直线后倒角

G01 X（U）____ Z（W）____ R ____ F ____；直线后倒圆

说明：

①指令刀具从 A 点直线插补到 B 点，然后走倒角、倒圆到 C 点，如图 1-12 所示。

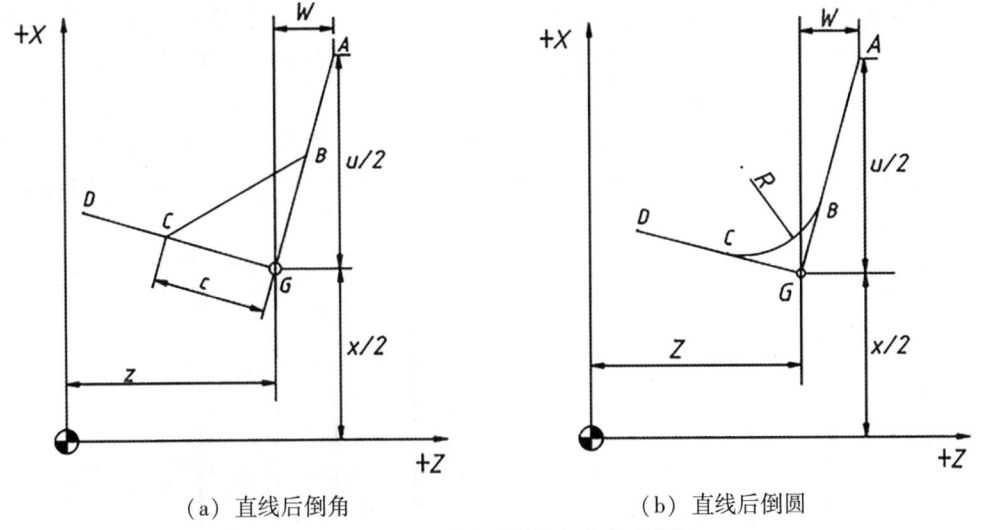

(a) 直线后倒角　　　　　　(b) 直线后倒圆

图 1-12　G01 直线后倒角与直线后倒圆

②采用绝对值编程时，X、Z 后的值为倒角或倒圆前两相邻轨迹程序段的交点 G 的坐标值。

③采用增量值编程时，U、W 后的值为交点 G 相对于起始直线轨迹的起始点 A 的移动距离。

④C/R 后的值为相邻两直线的交点 G 相对于倒角起始点 B 的距离/倒圆的半径。

注意：
①该指令的 G01 不能省略。
②X、Z 指定的直线移动量必须大于指定的倒角量 C 值或倒圆量 R 值。
③该指令适用于有交角的两直线段的倒角或倒圆，不能用于两平行直线段的过渡倒角或倒圆。
④该指令适合用于零件图样中未标注倒角等细节的加工处理，实现工件倒钝。

3. 自动返回参考点指令 G28、G30

格式：

G28 X（U）____；   X 轴方向回参考点

G28 Z（W）____；   Z 轴方向回参考点

G28 X（U）____ Z（W）____；   第一参考点返回

G30 P2 X（U）____ Z（W）____；   第二参考点返回（P2 可省略）

G30 P3 X（U）____ Z（W）____；   第三参考点返回

G30 P4 X（U）____ Z（W）____；   第四参考点返回

说明：
①X、Z 后的值为刀具要经过的中间点的绝对坐标。
②U、W 后的值为刀具要经过的中间点相对于起始点的增量坐标。
③开机并手动返回参考点后，在后续的加工过程中，刀具会从当前位置以 G00 速度经过中间点回到参考点。指定中间点的目的是使刀具沿着一条安全路径回到参考点，中间点位置只要不使刀具与工件之间产生干涉即可。FANUC 0i/0i Mate T 数控系统参数（1240 号到 1243 号）可在机床坐标系中设定 4 个参考点。

例如，"G28 U0 W0" 代表直接由当前位置返回机床参考点，不经过中间点［如图 1-13（a）所示］；"G28 X60.0 Z-25.0" 代表由当前点经中间点（60，-25）返回机床参考点［如图 1-13（b）所示］。

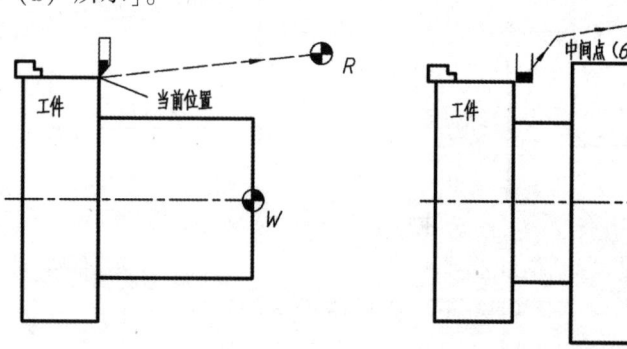

(a) 直接返回参考点　　　(b) 经中间点返回参考点

图 1-13　自动返回参考点

注意：

①为了安全，使用 G28 指令前，应取消刀尖圆弧半径补偿和刀具偏置。

②G28 程序段不仅记忆了移动指令的坐标值，而且记忆了中间点的坐标值，以供自动从参考点返回指令使用。

③G30 指令通常只在刀具自动交换装置的位置不同于第一参考点时才使用。

4. 刀尖圆弧半径补偿及其指令

（1）刀尖圆弧半径补偿的目的

在车削加工过程中，为了提高刀尖强度，降低加工工件的表面粗糙度，通常在车刀的刀尖处会有一个圆弧过渡刃。对于一般的不重磨刀片，刀尖处均呈圆弧过渡，且有一定的半径值。即使是专门刃磨的尖刀，其刀尖的实际状态也有一定的圆弧倒角，而非绝对的尖角。因此，实际上并不存在真正的刀尖，这里所说的刀尖只是一个"假想刀尖"的概念，图 1-14（a）所示的 A 点就是假想刀尖点（也称理想刀尖点）。

但是，在编程时一般就是按假想刀尖点在零件轮廓上走刀的，如图 1-14（b）所示。当使用基于假想刀尖点编写的程序进行圆柱面或垂直端面加工时，是不会产生误差的；但在加工圆锥面或圆弧面时，实际切削点与假想刀尖点在 X、Z 轴方向都存在误差。如图 1-15 所示，基于假想刀尖点 A 编写的程序的刀尖切削轨迹为双点画线（$A_1 \sim A_7$），实际切削点轨迹为实线，存在少切或过切现象。

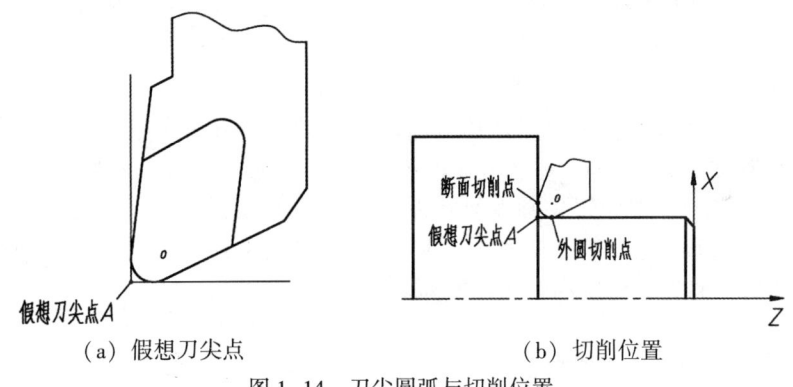

(a) 假想刀尖点　　　　　　　　(b) 切削位置

图 1-14　刀尖圆弧与切削位置

现代数控系统基本都具有刀尖圆弧半径补偿功能，在编程时只需要直接按零件轮廓编程，并在加工前输入刀尖圆弧半径数据，通过在程序中使用刀尖圆弧半径补偿指令，数控系统可自动计算出刀尖圆弧中心轨迹，并使刀具中心按此轨迹运动。也就是说，执行刀尖圆弧半径补偿后，刀具中心将自动在偏离工件轮廓一个半径值的轨迹上运动，从而消除误差，避免欠切或过切现象，加工出符合要求的工件轮廓。

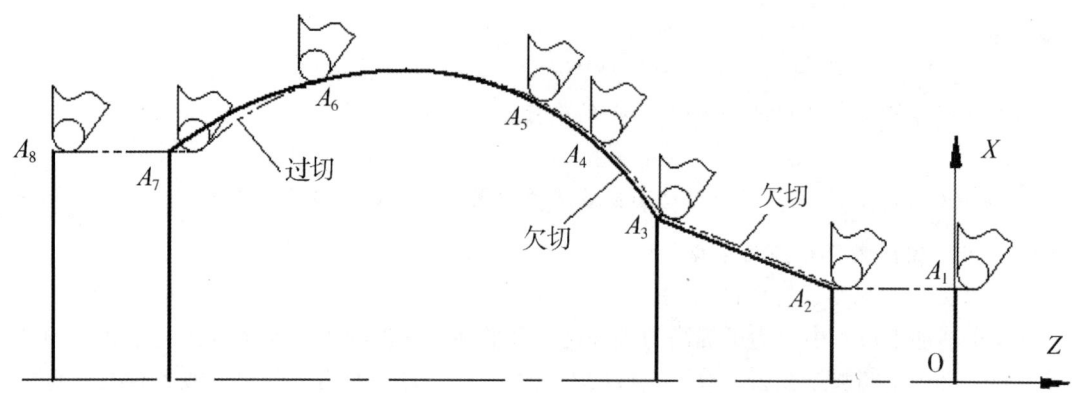

图 1-15 假想刀尖点与实际切削点的轨迹误差

（2）刀尖圆弧半径补偿指令 G41、G42、G40

格式：

G41/G42 G01/G00 X（U）＿＿＿ Z（W）＿＿＿ F＿＿＿；建立刀尖圆弧半径左/右补偿

G40 G01/G00 X（U）＿＿＿ Z（W）＿＿＿ F＿＿＿；取消刀尖圆弧半径补偿

说明：

①G41 为建立刀尖圆弧半径左补偿指令。

②G42 为建立刀尖圆弧半径右补偿指令。

③G40 为取消刀尖圆弧半径补偿指令。

④G41/G42 中的 X（U）、Z（W）后的值为建立刀尖圆弧半径补偿段的终点坐标。

⑤G40 中的 X（U）、Z（W）后的值为取消刀尖圆弧半径补偿段的终点坐标。

刀尖圆弧半径补偿方向（G41/G42 指令的选择）的判定方法：顺着刀具运动方向看，如果刀具在工件左侧，则为刀尖圆弧半径左补偿（选择 G41 指令）；如果刀具在工件右侧，则为刀尖圆弧半径右补偿（选择 G42 指令），如图 1-16 所示。用 G40 指令取消刀尖圆弧半径补偿后，假想刀尖轨迹与编程轨迹重合。

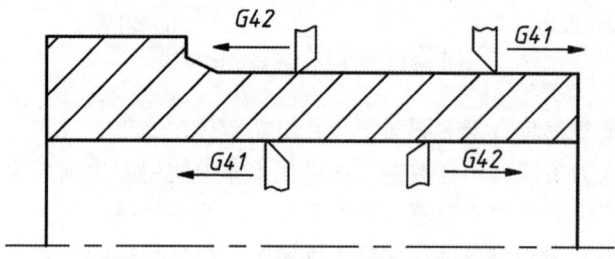

图 1-16 刀尖圆弧半径补偿方向的判定

注意：

① G41、G42、G40 是模态指令。

② G41、G42、G40 指令不能与圆弧切削指令写在同一个程序段内，即它是通过直线运动来建立或取消刀尖圆弧半径补偿的。

③ G41、G42、G40 可单独为一个程序段，但其后面两个程序段之内必须出现 G01 或 G00 移动程序段，否则，G41 和 G42 会失效。

④ 在调用新刀具前或要更改刀尖圆弧半径补偿方向之前，必须取消刀尖圆弧半径补偿，其目的是避免产生加工误差或干涉。

⑤ G41 或 G42 程序段使用后，后面要有 G40 程序以取消偏置状态，否则刀具不能在终点定位，而是停在与终点位置偏移一个矢量（刀尖圆弧半径）的位置上。

⑥ 在使用 G41 指令时，不要再指定补偿方式，否则补偿会出错。同样，在使用 G42 指令时，不要再指定补偿方式。当补偿取负值时，G41 和 G42 互相转化。

⑦ 刀尖圆弧半径补偿的建立与取消均是一个渐变过程，如图 1-17 所示，在该程序段运行结束后，才完成刀尖圆弧半径补偿的建立或取消。

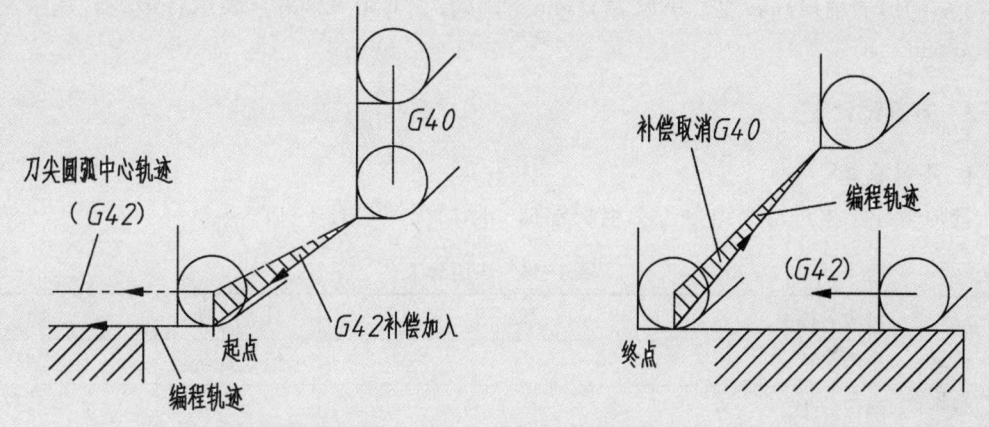

(a) 刀尖圆弧半径补偿建立的过程　　(b) 刀尖圆弧半径补偿取消的过程

图 1-17　刀尖圆弧半径补偿的建立与取消

除刀尖圆弧半径值外，加工时刀尖圆弧的运动方向对工件精度也有影响。因此，数控系统要结合刀尖圆弧半径值和刀具方位来最终确定补偿量。具体刀具方位的使用方法参见本书项目 2 任务 2.2。

5. 线速度控制指令

在车削端面、圆锥面和圆弧面等径向尺寸变化较大的工件时，为了保证车削表面质量的一致性，可以使用恒线速度控制。根据公式 $v = \pi dn/1000$ 可知，当线速度 v 恒定时，刀具越接近工件中心，主轴转速就会越高。所以，为了防止出现飞车现象，此时需要限制主轴的最高转速。

(1) 恒线速度控制指令 G96

格式：

G96 S____;

说明：

S 后的值表示恒定的线速度，单位为 m/min。该指令为模态指令。例如，"G96 S180"表示切削点线速度控制在 180 m/min。

（2）恒线速度取消指令 G97

格式：

G97 S ____ ；

说明：

S 后的值表示恒线速度控制取消后的主轴转速，单位为 r/min。例如，"G97 S1500"表示恒线速度控制取消后主轴转速为 1500 r/min。如 S 未指定，将保留 G96 的最终转速值。

（3）最高转速限制指令 G50

格式：

G50 S ____ ；

说明：

S 后的值表示最高转速，单位为 r/min。例如，"G50 S2300"表示将最高转速限制为 2300 r/min。

1.2.3 方案设计

1. 小组分工

教师引导学生进行小组分工，组长根据实际情况填写表 1-11。

表 1-11 小组分工

小组信息	班级名称		日　　期	
	小组名称		组长姓名	
	岗位分工			
	成员姓名			

2. 讨论工作计划

小组成员共同讨论工作计划，分析并列出本次任务中的操作重点。

（1）零件结构分析

①零件的外轮廓由圆柱面和圆弧面组成，含有倒角与圆角。

②本道工序内容为完成零件右端各外轮廓的精车。

（2）数控车削加工工艺分析

①装夹方案与夹具。使用三爪自定心卡盘装夹 $\phi35$ mm 棒料的外表面。

②加工方法。一次装夹完成右端全部轮廓的加工。

③刀具选择。采用 93° 外圆车刀，刀具号、刀补号均选 1 号。

④切削用量。如表 1-12 所示。

（3）选择编程原点并确定编程思路

①选择编程原点。选取工件右端面中心为编程原点 O，如图 1-18 所示。

②编程思路。
- 因要求为轮廓编程,编程准备功能指令从 G00、G01、G02、G03 中选用。
- 因有圆弧面、倒角、倒圆的存在,考虑用最高转速限制指令 G50、恒线速度控制指令 G96,以及刀尖圆弧半径补偿指令 G42、G40。
- 为了便于换刀、进行停车测量等,可以把(100,200)作为换刀点。

(4)确定加工进给路线

①选择循环起点以及轮廓精车的起点和终点。认真选择起点很重要,它应趋近工件,并具有安全间隙。Q 点为循环起点,M 点为轮廓精车起点,L 点为轮廓精车终点。M 点和 L 点应在工件之外,并与工件保持一定的安全间隙。

②设计进给路线。如图 1-18 所示,由换刀点(100,200)快进到点 Q,再由点 Q 快进到点 M,然后工作进给到编程原点 O,直线后倒圆到点 B(或直线进到点 A 再圆弧进到点 B),车削外圆柱面 BC,直线后倒角到点 E(或直线从点 C 进到点 D 再直线进到点 E),加工出台肩 CD,车削外圆柱 EF、圆弧 FG、外圆柱 GH、圆弧 HI、外圆柱 IJ,垂直退出到点 K、点 L,再由点 L 快速退刀到换刀点(100,200)。

(5)确定基点坐标

如图 1-18 所示,在所设置的右端面工件坐标系中确定换刀点、循环起点及各基点的坐标值。

点	X	Z	点	X	Z
换刀点	100	200	E	20	−11
Q	50	20	F	20	−18
M	0	2	G	32	−28.39
O	0	0	H	32	−33.39
A	9	0	I	32	−53.79
B	15	−3	J	32	−56.79
C	15	−10	K	36	−56.79
D	18	−10	L	38	−56.79

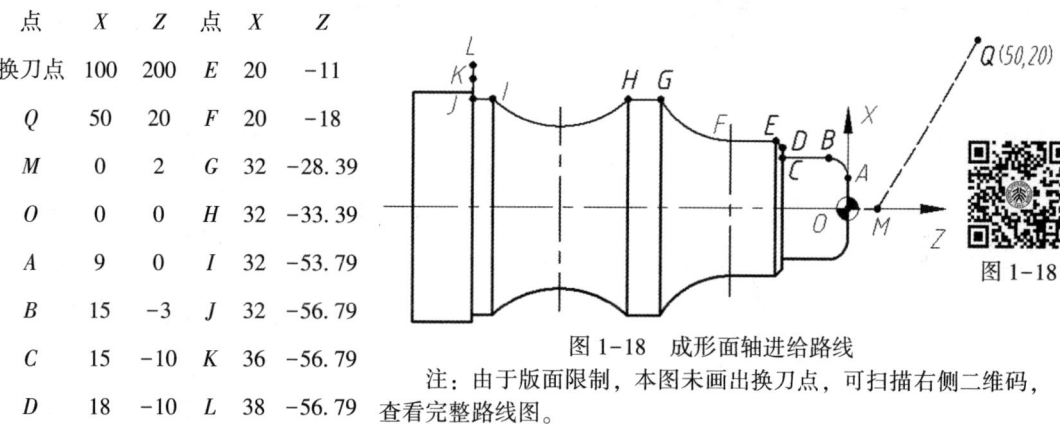

图 1-18 成形面轴进给路线

注:由于版面限制,本图未画出换刀点,可扫描右侧二维码,查看完整路线图。

视频:成形面轴进给路线

(6)填写数控加工工序卡

填写表 1-12 所示的数控加工工序卡。

表 1-12 成形面轴（右端）的数控加工工序卡

工序号		工序内容				
零件名称		零件图号	材料	夹具名称		使用设备
成形面轴（右端）		图 1-9	2A16	三爪自定心卡盘		数控车床
工步号	工步内容	刀具号	主轴转速 n/（r/min）	进给速度 f/（mm/min）	背吃刀量 a_p/mm	备注
1	粗车右外廓	T0101	800	0.2	2	程序略
2	精车右外廓	T0101	1800	0.1	0.5	
编制		审核		批准	第 页	共 页

1.2.4 任务实施

依据方案设计中选取的编程原点及各基点的坐标值，采用直线后倒角与直线后倒圆指令，编制该零件的精车加工程序。参考程序如表 1-13 所示，其中阴影部分为精加工路线程序。

表 1-13 阶梯轴（右端）的精车加工参考程序

程序段号	绝对值编程	增量值编程	混合编程	注释
	O1004;	O1005;	O1006;	程序号
N10		T0101;		选择 1 号刀并调用 1 号刀补
N20		M03;		主轴正转
N30		G50 S1800;		最高转速限制为 1800 r/min
N40		G96 S160 M03;		主轴正转，恒线速度为 160 m/min
N50		G00 X50.0 Z20.0;		快速移动到循环起点 Q (50, 20)
N60	X0.0 Z2.0;	U-50.0 W-18.0;	X0 W-18.0;	切削至 M (0, 2)
N70	G42 G01 Z0 F0.1;	G42 G01 W-2.0 F0.1;	G42 G01 Z0 F0.1;	进给到编程原点 O (0, 0)，建立右刀补
N80	G01 X9.0 Z0;	G01 U9.0 W0;	G01 X9.0 W0;	切削至 A (9, 0)
N90	G03 X15.0 Z-3.0 R3;	G03 U6.0 W-3.0 R3;	G03 X15.0 W-3.0 R3;	切削至 B (15, -3)
N100	G01 Z-10.0;	G01 W-7.0;	G01 Z-10.0;	切削至 C (15, -10)
N110	G01 X20.0 Z-11.0 C1;	G01 U5.0 W-1.0 C1;	G01 X20.0 W-1.0 C1;	直线后倒角，切削至 E (20, -11)

(续表)

程序段号	绝对值编程	增量值编程	混合编程	注释
N120	Z-18.0;	W-7.0;	W-7.0;	切削至 F (20, -18)
N130	G02 X32.0 Z-28.39 R12;	G02 U12.0 W-10.39 R12;	G02 U12.0 Z-28.39 R12;	切削至 G (32, -28.39)
N140	G01 Z-33.39;	G01 W-5.0;	G01 W-5.0;	切削至 H (32, -33.39)
N150	G02 X32.0 Z-53.79 R15;	G02 W-20.4 R15;	G02 W-20.4 R15;	切削至 I (32, -53.79)
N160	G01 Z-56.79;	G01 W-3.0;	G01 Z-56.79;	切削至 J (32, -56.79)
N170	X36.0;	U4.0;	U4.0;	切削至 K (36, -56.79)
N180	G40 G00 X38.0;	G40 G00 U2.0;	G40 G00 X38.0;	切削至 L (38, -56.79)，取消刀补
N190	G00 X100.0 Z200.0;	G00 U62.0 W256.79;	G00 X100.0 Z200.0;	退刀至换刀点 (100, 200)
N200	M05;			主轴停止
N210	M30;			程序结束

1.2.5 检查评估

成形面轴（右端）精车编程评分标准如表 1-14 所示。

表 1-14 成形面轴（右端）精车编程评分标准

姓名			零件名称	成形面轴	时间		总得分	
项目	序号	考核内容		考核条目		配分	检测记录	得分
工艺与程序	1	工艺合理		(1) 零件结构工艺性		5		
				(2) 装夹与定位方法		5		
				(3) 加工路线的制订		5		
				(4) 进给路线的制订		5		
	2	程序格式规范		(1) 刀具指令正确		5		
				(2) 主轴运动正确		5		
				(3) 运动指令格式正确		5		
				(4) 程序段以";"结束		5		
	3	程序参数选择合理		(1) 主轴转速值合理		5		
				(2) 背吃刀量合理		5		
				(3) 进给速度合理		5		

(续表)

姓名			零件名称	成形面轴	时间		总得分	
项目	序号	考核内容		考核条目		配分	检测记录	得分
工艺与程序	4	指令选用正确		(1) T、M、S 指令运用正确		5		
				(2) G01 指令运用正确		5		
				(3) G00 指令运用正确		5		
				(4) G02/G03 指令运用正确		5		
				(5) G41/G42/G40 指令运用正确		5		
	5	程序正确、完整		(1) 有程序号		5		
				(2) 有程序结束指令		5		
				(3) 程序内容正确		5		
				(4) 基点计算正确		5		

1.2.6 项目实训

编制图 1-19 所示球面轴的轮廓精加工程序，材料为 $\phi52$ mm 2A16。

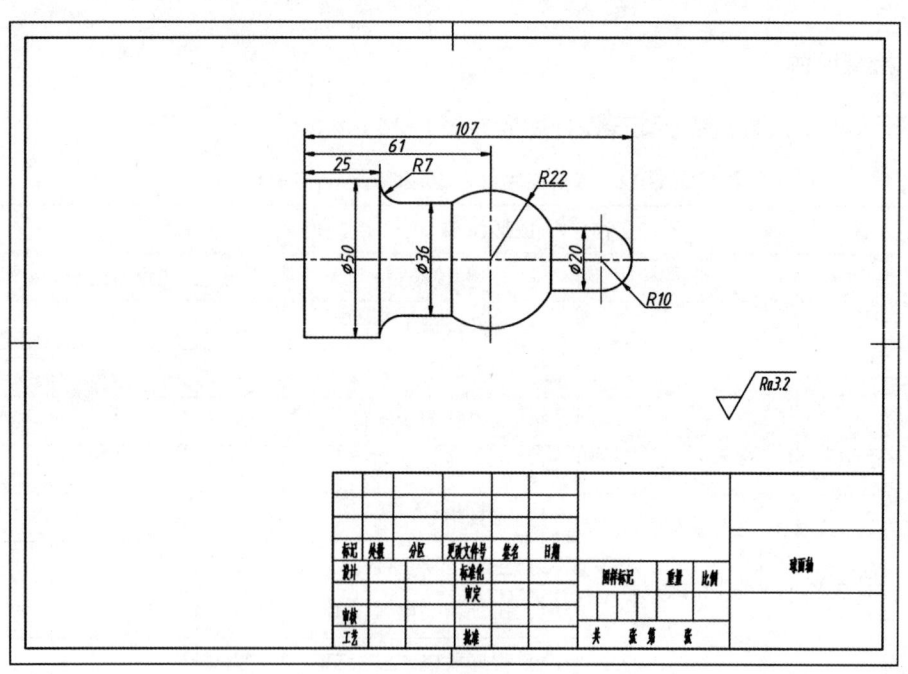

图 1-19 球面轴

1. 思考

(1) 该零件在结构上有什么特征？其是否可用普通车床进行加工？

(2) 对此棒料的毛坯，能否一刀加工到图样尺寸？

项目1　编程入门——轮廓精车编程

(3) 该工件的几何轮廓含球面，需要选择怎样的刀片形状？
(4) 该零件的设计基准在哪个位置？如何建立数控编程坐标系？
(5) 如何求取各基点坐标？
(6) 在该零件的加工程序中，刀尖圆弧半径补偿指令从哪个位置引入更好？
(7) 如何保证球头与其他位置处的表面粗糙度一致？
(8) 为了消除该工件球头端的小凸尖，你将考虑采用什么方法？为什么？
(9) 确定切削用量时，要考虑哪些因素？
(10) 你会采用什么措施来控制工件总长？

2. 计划与决策

分析零件结构和程序结构、选择刀具与切削用量、确定编程原点与编程思路、确定加工进给路线方案、确定相关G指令的应用、计算基点。

_____
_____
_____
_____
_____
_____
_____
_____
_____
_____
_____
_____
_____
_____
_____
_____
_____
_____

3. 实施

在表1-15中编写程序，并对程序段做注释。

表1-15　编写程序并做注释

程序	注释

(续表)

程序	注释

4. 检查

按表1-16的项目与评分标准对项目实训进行检查与考核。

表1-16 成形面轴的评分标准

姓名			零件名称	成形面轴	时间		总得分	
项目	序号	考核内容		考核条目		配分	检测记录	得分
工艺与程序	1	工艺合理		(1) 零件结构工艺性		5		
				(2) 装夹与定位方法		5		
				(3) 加工路线的制订		5		
				(4) 进给路线的制订		5		
	2	程序格式规范		(1) 刀具指令正确		5		
				(2) 主轴运动正确		5		
				(3) 运动指令格式正确		5		
				(4) 程序段以";"结束		5		
	3	程序参数选择合理		(1) 主轴转速值合理		5		
				(2) 背吃刀量合理		5		
				(3) 进给速度合理		5		

(续表)

姓名			零件名称	成形面轴	时间		总得分	
项目	序号	考核内容		考核条目		配分	检测记录	得分
工艺与程序	4	指令选用正确		(1) T、M、S指令运用正确		5		
				(2) G01指令运用正确		5		
				(3) G00指令运用正确		5		
				(4) G02/G03指令运用正确		5		
				(5) G41/G42/G40指令运用正确		5		
	5	程序正确、完整		(1) 有程序号		5		
				(2) 有程序结束指令		5		
				(3) 程序内容正确		5		
				(4) 基点计算正确		5		

5. 小结与评价

按表1-17规定的评价项目对学生项目实训进行评价。小组成员各自完成"自我评价",组长完成"小组评价",教师完成"教师评价"。最后学生分组上交文件材料及产品,做好实训室5S管理。

表1-17 任务评价表

姓名		班级		学号		日期	
序号	检查项目		自我评价	小组评价	教师评价		备注
1	遵守安全操作规范						
2	态度端正,工作认真						
3	能提前进行学习,并积极参加讨论						
4	能熟练、多渠道地查找参考资料						
5	能正确说出操作重点						
6	工作步骤执行、操作规范熟练						
7	能在规定时间内完成任务,并按要求上交(或打印)任务结果						
8	遵守纪律,积极协作						
9	做好设备保养工作						
10	做好5S管理工作						
	合计						
	总分						

注:①采用10-9-7-5-3-0分制给分。
②总分="自我评价"分数×20%+"小组评价"分数×30%+"教师评价"分数×50%。

思考与练习

1. 判断题

（1）在数控车床上，刀尖圆弧只有在加工圆弧面时才产生加工误差。（　　）

（2）车刀刀尖圆弧半径越大，加工圆锥或圆弧时的误差越大。（　　）

（3）恒线速度切削指令"G96 S____;"中S后的值的单位是 m/min。（　　）

（4）G41 或 G42 指令必须与 G40 指令成对使用。（　　）

（5）对于前置刀架和后置刀架的数控车床，同一个零件的加工程序不一样。（　　）

（6）G41、G42、G40 指令可以在刀具静止时建立或取消刀补。（　　）

（7）直线后倒角"G01 X____ Z____ C____ F____;"格式中，G01 可据前段情况省略。（　　）

（8）恒线速度控制的原理是工件的直径越大，进给速度越慢。（　　）

（9）G02、G03、G01 都是模态指令。（　　）

（10）G28 指令一般在换刀时使用。（　　）

（11）用 G02 指令编程时，I、K 后的值是圆心相对于起点的坐标增量值。（　　）

（12）数控机床用恒线速度控制加工端面、圆锥和圆弧时，必须限制主轴的最高转速。（　　）

（13）刀具补偿功能包括刀补的建立、刀补的执行和刀补的取消三个阶段。（　　）

（14）车刀圆弧刃上的每一点都可能是圆弧形车刀的刀尖，因此，它的刀位点有很多。（　　）

（15）同一把带刀尖圆弧的可转位刀片的数控车刀，在同一个加工程序中，可时而用作尖形车刀，时而用作圆弧形车刀。（　　）

（16）刀补引入程序段内必须有 G00 或 G01 功能才有效。（　　）

2. 选择题

（1）沿刀具前进方向观察，刀具偏在工件轮廓的左边是（　　）指令，刀具偏在工件轮廓的右边是（　　）指令。

A. G40　　　　B. G41　　　　C. G42　　　　D. G43

（2）在数控车床中，进行恒线速度控制的指令是（　　）。

A. G00　　　　B. G50 S____　　　　C. F____　　　　D. G96 S____

（3）精加工时，主要依据（　　）选择切削速度。

A. 主轴转速　　B. 加工表面质量　　C. 刀具寿命　　D. 工件材料

（4）利用数控车床进行端面切削、变直径的曲面切削、锥面切削时，为了保证加工面的表面粗糙度 Ra 一致为某值，数控机床的主轴控制应具有（　　）。

A. 恒线速度功能　　B. 同步运行功能　　C. 定向准停功能　　D. 自动松开夹紧机构

（5）下列程序段中，正确的是（　　）。

A. G00 G42 X25.0 Z4.0；
B. G41 G02 X25.0 Z4.0 F0.2；
C. G03 G42 X25.0 Z4.0 F0.2；
D. G40 G02 X20.0 Z20.0 R3.0 F0.2；

（6）关于圆弧指令，下列语句描述正确的是（　　　）。

A. I 后的值为圆弧起点与圆心在 X 轴方向的半径差值

B. I 后的值为圆弧起点与圆心在 X 轴方向的直径差值

C. K 后的值为圆心与圆弧起点在 Z 轴方向的半径差值

D. I、K 后的值均有正负之分

（7）下列关于车刀的描述，正确的是（　　　）。

A. 车刀刀尖不存在圆角

B. 使用理想刀尖点编出的程序在加工圆柱面时不会产生位置误差

C. 使用理想刀尖点编出的程序在加工圆锥时不会产生位置误差

D. 使用理想刀尖点编出的程序在加工圆弧时不会产生位置误差

（8）对"G01 X____ Z____ C____ F____；"描述正确的是（　　　）。

A. 在前一程序段为 G01 的情况下，该 G01 可省略

B. 可用于两平行直线段的过渡倒角

C. 两相邻轨迹要有交点

D. 直线移动量可小于倒角量

（9）关于数控车床圆弧加工的说法正确的是（　　　）。

A. G02 是逆时针圆弧插补指令

B. 使用增量值编程时，U、W 后的值为终点相对于起点的距离

C. 在同一程序段中，不能同时使用 I、K 和 R 指令

D. 当圆心角为 90°～180°时，R 后的值为负

3. 简答题

（1）如何在编制加工程序时判断圆弧的顺逆方向？

（2）什么是刀尖圆弧半径补偿？

（3）加工圆锥或圆弧面时，产生欠切或过切的原因是什么？如何解决？

（4）为什么要设置换刀点、循环起点？要注意哪些问题？

4. 编程题

编制图 1-20 所示各轴零件的精加工程序。

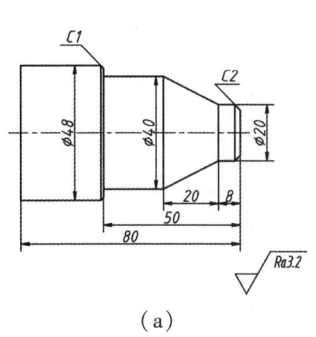

(a)

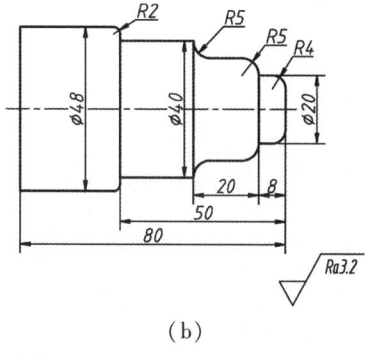

(b)

图 1-20　零件

项目 2

FANUC 0i/0i Mate T 数控车床的基本操作

任务 2.1 数控车床的认识与操作

知识目标
(1) 掌握 FANUC 0i/0i Mate T 数控车床的系统面板与操作面板。
(2) 掌握 FANUC 0i/0i Mate T 数控车床的开机与关机操作。
(3) 掌握 FANUC 0i/0i Mate T 数控车床的手动操作。
(4) 掌握 FANUC 0i/0i Mate T 数控车床的手动数据输入（Manual Data Input，MDI）运行。
(5) 掌握 FANUC 0i/0i Mate T 数控车床的加工程序录入、编辑及调试等相关操作。

能力目标
(1) 能遵照操作规程在 FANUC 0i/0i Mate T 数控车床上进行开机与关机操作。
(2) 会使用操作面板上的常用功能键。

素养目标
(1) 坚定文化自信，增强民族自豪感和使命感。
(2) 牢固树立质量意识，认识精益求精的工匠精神的内涵。
(3) 遵规守纪，钻研技术，爱护设备，安全生产。

励志故事

原公浦——完成第一颗原子弹铀球的精细车削

原公浦被誉为原子弹"功勋工人"，是我国第一颗原子弹"心脏"——铀球加工的操刀人，因为他在铀球加工过程中精准地完成了最后关键的三刀，又被亲切地称为"原三刀"。2021年8月22日，他入选了中国核工业功勋榜的技术工人代表。"两弹一星"元勋之一的钱三强曾形容他是"一颗非常重要的螺丝钉"。

2.1.1 任务描述

学习数控车床的保养与维护、数控车床的开机与关机，熟悉数控车床面板上各功能键的作用，完成项目1中图1-1所示阶梯轴的程序O1001的录入。

2.1.2 知识准备

1. 认识数控车床

数控车床是目前应用较为广泛的数控机床之一。数控车床的品种、规格繁多，存在多种分类方式。其中，按主轴的配置形式可分为卧式数控车床和立式数控车床。

（1）卧式数控车床

卧式数控车床的主轴轴线处于水平位置，主要用于轴类零件和小型盘类零件的车削加工。常见的CKG6140卧式数控车床（如图2-1所示）在机械加工领域应用广泛。它适用于加工各类精度要求较高的轴类零件，如电机轴、丝杠等。通过数控系统的精准控制，它能够保证零件的加工精度和表面质量。

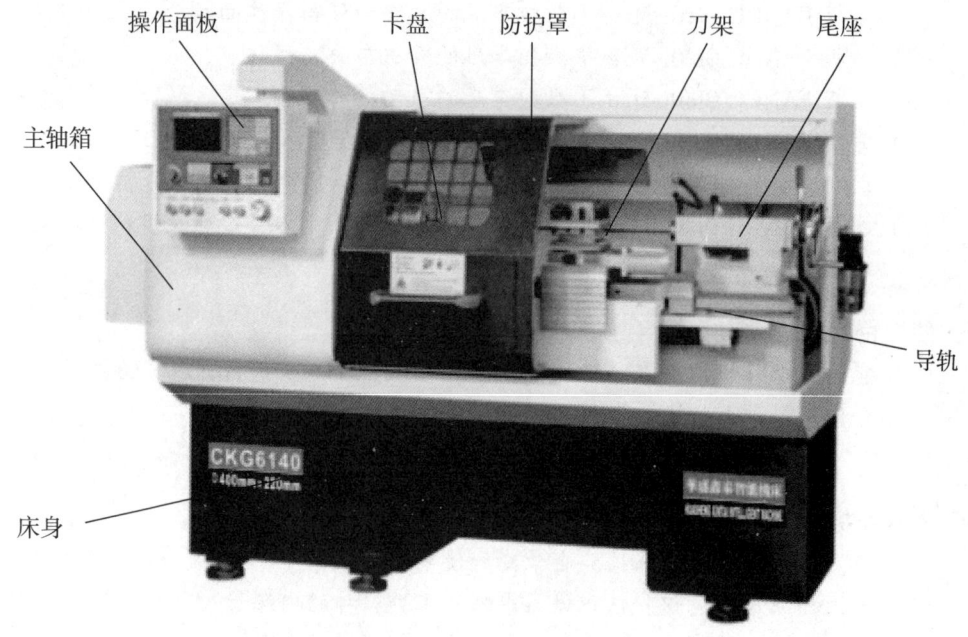

图2-1　CKG6140卧式数控车床

（2）立式数控车床

立式数控车床的主轴轴线垂直于水平面，主要用于回转直径较大的盘类零件的车削加工。这类车床在加工大型法兰盘、齿轮坯等零件时具有明显优势，其结构设计使得工件装夹和加工更为稳定，可承受较大的切削力。

表2-1展示了CKG6140卧式数控车床主要的技术参数。

表 2-1　CKG6140 卧式数控车床主要的技术参数

技术项目	技术参数
床身上最大工件回转直径	ϕ400 mm
刀架上最大工件回转直径	ϕ220 mm
Z 轴最大行程	900 mm
X 轴最大行程	230 mm
最大车削直径（立式四工位刀架）	ϕ400 mm
主轴转速范围	200～2400 r/min

2. 数控车床面板

数控车床面板由系统面板和操作面板两部分组成，如图 2-2 所示。

系统面板由显示屏和键盘组成，显示屏用于显示数控加工程序、参数、刀具、当前位置、报警信息、刀具移动轨迹、运行时间等。FANUC 0i/0i Mate T 数控车床的键盘如图 2-3 所示，按下键盘上的键可以进行加工程序的录入及编辑、参数设置等操作。系统面板上主要按键名称、示意图及功能如表 2-2 所示。操作面板上主要按钮（开关）名称、示意图及功能如表 2-3 所示。

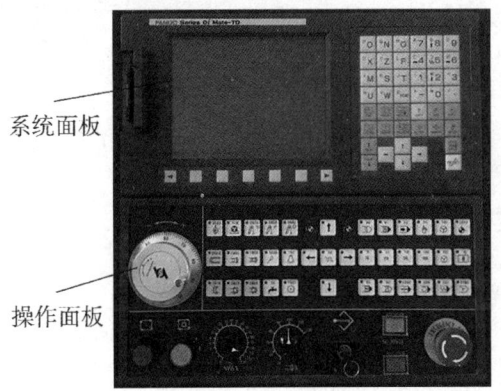

图 2-2　数控车床面板

图 2-3　FANUC 0i/0i Mate T 数控车床的键盘

视频：FANUC 0i/0i Mate T 数控车床面板

表 2-2 系统面板上主要按键名称、示意图及功能

序号	按键名称	示意图	功能
1	地址/数字键		输入字母、数字及其他字符。其中，EOB 是指 ";"
2	换挡键	SHIFT	按住此键，可以输入地址/数字键中左上角的字符
3	取消键	CAN	按下此键，可删除输入区内的最后一位字符
4	输入键	INPUT	按下此键，可将数据输入缓冲器，使其显示在显示屏上
5	编辑键	ALTER INSERT DELETE	ALTER 键为替换键，按下此键，可用输入区的数据替换光标所在处的数据 INSERT 键为插入键，按下此键，可将输入区中的数据插入当前光标之后的位置 DELETE 键为删除键，按下此键，可删除光标所在处的数据，也可删除一个程序或删除全部程序
6	功能键	POS PROG OFS/SET SYSTEM MESSAGE CSTM/GRPH	功能键用于选择显示的屏幕类型。 POS 键：显示位置画面 PROG 键：显示程序画面 OFS/SET 键：显示刀偏/设定画面 SYSTEM 键：显示系统画面 MESSAGE 键：显示信息画面 CSTM/GRPH 键：显示用户宏画面或图形显示画面
7	翻页键	PAGE↑ PAGE↓	PAGE↑：向前翻一页 PAGE↓：向后翻一页
8	光标移动键		向上、下、左、右移动显示屏中的光标
9	帮助键	HELP	提供关于如何操作机床的帮助信息，可在数控车床报警时提供报警的详细信息
10	复位键	RESET	按下此键，可使数控车床复位，消除报警信息

表 2-3 操作面板上主要按钮（开关）名称、示意图及功能

按钮（开关）名称	示意图	功能
NC 电源开关		绿色开关：开通机床控制电源及液压泵电源 红色开关：关闭机床控制电源及液压泵电源
紧急停止按钮		用于出现紧急情况时，使程序立即停止
存储保护锁		关闭此锁，存储器内的程序及各个参数处于被保护状态，无法更改
主轴转速修调倍率选择旋钮		用于选择主轴转速修调倍率和对应主轴转速
进给修调倍率选择旋钮		用于选择进给修调倍率
循环启动按钮		在自动模式或 MDI 模式下，用于使加工程序启动运行
进给暂停按钮		在自动模式或 MDI 模式下，用于使运行中的程序暂停运行
手轮		也称手动脉冲发生器，用于对刀操作、手动移动机床等
"编辑"模式键		按下此键，可以进行程序的录入、编辑、修改

(续表)

按钮（开关）名称	示意图	功能
"MDI"模式键		按下此键，可以在MDI界面输入程序
"自动"模式键		按下此键，可自动运行加工程序；与循环启动按钮配合使用
"手动"模式键		用于手动操作进给轴运动，按下此键后，并配合按下X、Z轴方向键，可使刀架在X轴或Z轴上移动
"手轮X"选择键		按下此键后旋转手轮，可控制刀架在X轴上的运动
"手轮Z"选择键		按下此键后旋转手轮，可控制刀架在Z轴上的运动
"返参考点"模式键		按下此键，各轴返回参考点；与X、Z轴方向键配合使用
"单段"模式键		在自动模式下，按下此键后，每按一次循环启动键，机床就执行一个程序段
"跳步"键		按下此键后，开头有"/"符号的程序段将被跳过，不执行
"机床锁住"键		按下此键后，程序运行时，刀架不移动
"选择停"键		与程序中的M01指令配合使用。按下此键后，当程序运行到M01指令时，暂停运行，主轴停转，冷却停止；再按此键，机床将恢复运行
"空运行"键		用于程序的快速空运行。按下此键后，程序中的F代码无效
"程序重启"键		程序中断，从原位重启
"主轴停止"键		按下此键后，主轴停止旋转
"主轴正转"键		在已设定主轴转速的情况下，按下此键后，主轴按设定的速度正转
"主轴反转"键		在MDI模式下，按下此键，主轴按给定的速度反转

（续表）

按钮（开关）名称	示意图	功能
"冷却"键		按下此键后，机床冷却液开启；再按此键，机床冷却液关闭
"手动选刀"键		每按下此键一次，刀架顺时针转换一个刀位
"导轨润滑"键		按下此键后，可对导轨进行润滑
"工作灯"键		按下此键后，机床工作灯亮起；再按此键，机床工作灯熄灭
"主轴点动"键		按住此键，主轴运转；松开此键，主轴停车
"中心架"键		按下此键，中心架启动
"液压启动"键		按下此键，液压启动
"排屑正转"键		按下此键，排屑机正转
"排屑反转"键		按下此键，排屑机反转
"排屑停止"键		按下此键，排屑机停止
"套筒进/退"键		按下此键，可控制套筒进/退
"卡盘卡紧"键		按下此键，卡盘卡紧
"快速"键与方向键		在"手动"模式下，按方向键可使刀架沿相应方向连续移动。"快速"键表示快速移动

3. 数控车床的机床坐标系统

（1）机床坐标系、机床原点及机床参考点

数控车床的机床坐标系以主轴轴线为 Z 轴，X 轴则平行于工件安装面且沿横向拖板方向（工件的直径方向）。规定刀具远离工件的方向为坐标轴的正方向。

机床原点（机床坐标系的原点）也被称为机械零点，其一般设定在主轴轴线与装夹卡盘的法兰盘端面的交点上。机床原点是机床生产厂家在制造机床时确定的固定坐标系原点，它是在机床装配、调试阶段被确定下来的，也是机床加工过程中的基准点。

具体来说，对于平床身水平导轨的卧式数控车床，其刀架为前置刀架，X轴的正方向朝下，如图2-4（a）所示。对于斜床身和平床身斜导轨的卧式数控车床，其刀架为后置刀架，X轴的正方向朝上，如图2-4（b）所示。

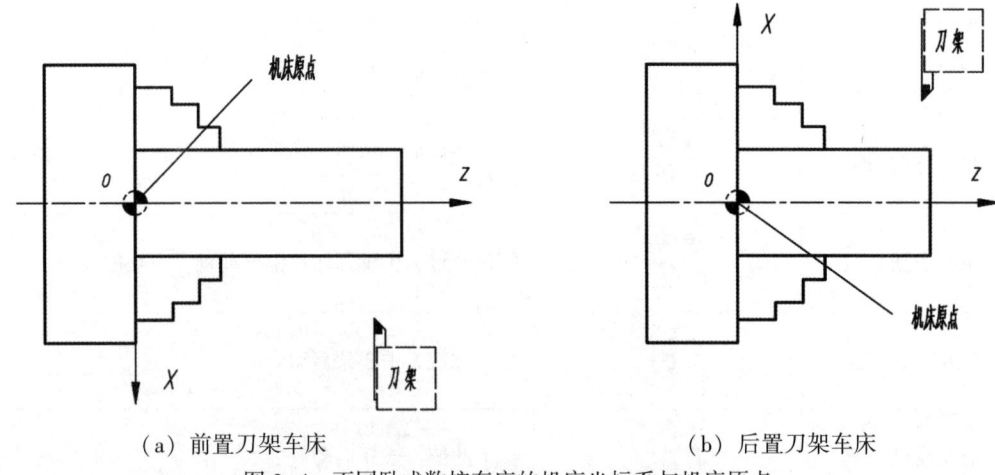

（a）前置刀架车床　　　　　　　　　　（b）后置刀架车床

图2-4　不同卧式数控车床的机床坐标系与机床原点

机床坐标系通常不能直接用于用户编程，而是作为机床生产厂家确定机床参考点的基础。只有机床参考点被确认后，机床原点才能被确认。

机床参考点是数控机床上的一个固定点，其主要作用是对机床运动进行检测和控制，给机床本身一个定位。位置检测元件采用增量编码器的数控机床，在数控装置通电时，系统无法确定机床原点位置。为了确保机床工作时能正确建立机床坐标系，通常在机床启动时要执行返回机床参考点的操作，以便建立机床坐标系。

机床参考点是由机床生产厂家在每个进给轴上通过限位开关精确调整好的，并且厂家会将其坐标值输入数控系统中，因此机床参考点对于机床原点的坐标是一个已知的数值，用户不得随意更改，否则将影响机床的加工精度。在数控车床上，机床参考点通常是离机床原点最远的正向极限点，如图2-5所示。

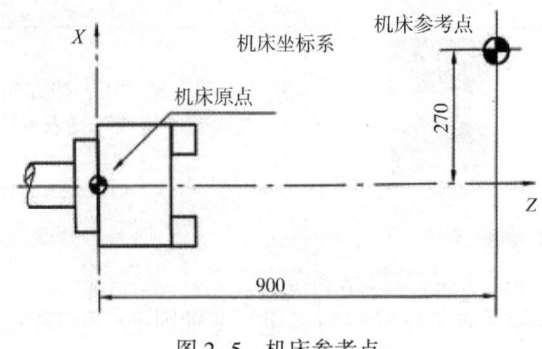

图2-5　机床参考点

（2）工件原点与工件坐标系

工件原点是编程人员基于工件的加工工艺、编程便利性等因素，在工件上人为选定的一个基准点，它是工件坐标系的原点。从本质上讲，编程原点与工件原点通常是重合的，只是表述侧重点不同，编程原点侧重编程角度，工件原点侧重工件本身。工件坐标系与编程坐标系通常也是重合的。在数控加工中，编程人员依据工件原点来确定编程中的坐标值，进而编制加工程序。图2-6所示为工件原点与机床原点的关系。对于加工人员而言，需要通过对刀操作来确定工件原点与机床原点之间的相对位置关系，从而建立工件坐标系，并将该位置信息在数控系统中进行设定。

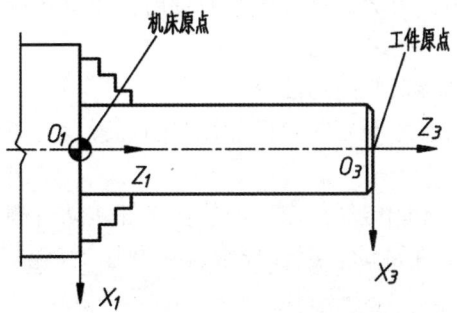

图2-6 工件原点与机床原点的关系

4. 数控车床安全操作规程及注意事项

（1）数控车床安全操作规程

①操作人员必须熟悉数控车床使用说明书等有关资料，了解主要技术参数、传动原理、主要结构、润滑部位及保养等一般知识。

②开机前应对数控车床进行全面细致的检查，确认无误后方可进行操作。

③数控车床通电后，应先检查各开关、按钮和按键是否正常、灵活，机床有无异常现象。

④检查电压、油压是否正常，有需要手动润滑的部位先进行手动润滑。

⑤各坐标轴手动回零。

⑥输入程序后，应仔细核对代码、地址、数值、正负号、小数点及语法是否正确。

⑦正确测量和计算工件坐标系，并对所得结果进行检查。

⑧输入工件坐标系后，应仔细核对坐标值、正负号及小数点是否正确。

⑨未装工件前，空运行一次程序，检查程序能否顺利运行、刀具和夹具的安装是否合

理、有无超程现象。

⑩无论是首次加工的零件,还是重复加工的零件,首件都必须对照图样、工艺规程、加工程序和刀具调整卡进行试切。

⑪试切时,进给修调倍率选择旋钮必须调到较低的挡位。

⑫当一把新刀具首次投入使用时,必须先验证它的实际长度,以确保它与给定的刀具补偿值相匹配。

⑬试切进刀时,当刀具运行至距离工件表面 30~50 mm 处时,必须在进给保持状态下,验证 Z 轴和 X 轴坐标剩余值与加工程序中的预设值是否一致。

⑭在试切和加工过程中,刃磨刀具、更换刀具后,要重新测量刀具位置并修改刀补值和刀补号。

⑮程序修改后,应仔细核对修改的部分。

⑯进行手动连续进给操作之前,应确保各开关的位置设置正确、运动方向无误后再进行操作。

⑰必须确认工件夹紧后才能启动机床,严禁在工件转动时测量或触摸工件。

⑱在加工过程中出现工件跳动、声音异常、夹具松动等异常情况时,必须立即停车处理。

⑲加工完毕后,应清理机床。

(2) 学生安全操作注意事项

①上岗前,务必正确穿戴好防护用品。在加工时,一律不准佩戴手套。长头发的同学须佩戴工作帽,并确保头发置于帽内,不得外露。禁止穿高跟鞋以及佩戴首饰。

②必须在教师的指导下操作数控车床,开机、关机顺序应严格按照机床说明书的规定。

③应在完全清楚操作步骤后再进行操作,遇到问题应立即报告指导教师。

④加工程序应经指导教师检查无误后,再开始运行。

⑤主轴启动开始切削之前,一定要关好防护门;在程序正常运行过程中,严禁开启防护门。

⑥工件、刀具和夹具都应装夹牢固,严禁触摸和测量旋转中的工件。

⑦手动对刀时,应选择合适的进给速度与主轴转速。

⑧严禁直接用手清理铁屑,应使用专门清理铁屑的钩子。

⑨机床发生事故后,要注意保护现场,并如实向指导教师说明事故发生前后的情况,以便快速查找事故原因。

⑩手动换刀时,车刀与卡盘、工件、尾座、防护门之间需保持足够的转位距离,以免发生碰撞。

⑪在加工过程中,一旦发现任何异常情况,应立即按下紧急停止按钮,以确保人身安全和设备安全。

⑫刀具和工具需要放置在指定位置,量具不得与其他物品混合存放。

⑬认真填写数控机床工作日志,做好交接工作,消除事故隐患。

2.1.3 方案设计

1. 小组分工

教师引导学生进行小组分工,组长根据实际情况填写表 2-4。

表 2-4 小组分工

小组信息	班级名称		日 期	
	小组名称		组长姓名	
	岗位分工			
	成员姓名			

2. 讨论工作计划

小组成员共同讨论工作计划,分析并列出本次任务中的重点。
(1) 描述数控车床的系统面板与操作面板有关按键的名称与用途。
(2) 进行数控车床的开机与关机操作。
(3) 进行数控车床的回参考点操作。
(4) 进行数控车床的手动操作。
(5) 进行数控车床的 MDI 操作。
(6) 进行数控车床加工程序的创建与编辑。

2.1.4 任务实施

1. 数控车床的开机和关机

(1) 开动数控车床
① 开机前的准备工作。
• 检查各润滑装置上的油标,确认液面位置是否符合要求。
• 检查切削液是否充足。
• 检查液压卡盘的夹持方向是否正确;手动卡盘上的铰杠是否已经取下。
• 检查机床电箱门、防护门是否已经关闭。
② 开机。
当完成以上检查工作且各项都符合要求后,即可正式开机,开机的步骤如表 2-5 所示。

表 2-5 开机的步骤

序号	操作内容	操作步骤
1	接通供给电源	合上刀闸,接通供给电源
2	开启机床电源	将机床电源开关旋至"ON"的位置,机床上电。此时机床控制柜上的冷却风扇随之启动,并可听到风扇运转的声音
3	打开 NC 电源开关	按下操作面板上的 NC 电源开关(绿色开关),操作面板上的电源指示灯亮起,则表明机床开机成功。此时,显示屏显示坐标位置,同时机床液压泵也会启动,可以清晰地听到启动的声音

③开机后做好检查工作。
- 检查冷却风扇是否已启动,液压系统是否正常启动。
- 检查操作面板上各指示灯是否正常显示,各按钮、开关是否处于正确的位置。
- 观察显示屏上是否有报警显示,若有,应及时处理。
- 观察液压装置的压力表指示,确认其处于正常的范围内。

(2) 停止数控车床

①关机前的检查工作。
- 确认循环启动已结束,其指示灯应处于熄灭状态。
- 确认主轴已停止工作,且刀架已经返回参考点附近。

②关机。

关机的步骤如表 2-6 所示。

表 2-6 关机的步骤

序号	操作步骤	操作内容
1	关闭 NC 电源开关	先按下紧急停止按钮,再按下操作面板上的 NC 电源开关(红色开关)。此时操作面板上的电源指示灯熄灭,机床液压泵也会关闭
2	关闭机床电源	将机床电源开关旋至"OFF"的位置,关闭机床电源。此时机床控制柜的冷却风扇随之关闭
3	关闭机床供给电源	如果将会有较长时间不使用机床,应关闭机床供给电源

2. 手动回参考点

回参考点也称回零,是指使机床的移动部件沿其坐标轴正向退回到机床参考点,其目的是让数控车床能够正确识别机床坐标系,而机床坐标系是建立工件坐标系的基础。

开机后,进行回参考点操作,可以消除屏幕上显示的随机动态坐标,并为机床提供一个绝对的坐标基准。在进行连续重复的加工以后,回参考点操作可消除进给运动部件的坐标累积误差。

手动回参考点的步骤如下:

①按下"返参考点"模式键 。

②分别按下 、 按钮,X、Z 轴即回参考点。

3. 手动移动 X、Z 轴

常用的手动移动 X、Z 轴的方法有两种:

(1) 手动方式

①按下"手动"模式键 。

②选择坐标轴,再按下方向键 、 、 、 ,选中的坐标轴便会移动,松开后停止移动。

③若在②之前按下"快速"键 , 则各轴将快速移动。

(2) 手轮方式

①按下"手轮 X"选择键 或"手轮 Z"选择键 。

②旋转手轮 , 顺时针为正方向移动轴, 逆时针为负方向移动轴。这种方法用于微量调整, 使用手轮可以让操作者更容易控制和观察各轴的移动, 试切对刀时常用。

4. MDI 运行

MDI 运行用于主轴启动操作、对刀操作、检测工件坐标系的正确性等。

在 MDI 运行方式中, 操作者通过操作键盘上的键, 最多可以编制 6 行程序段并执行。

例如, 设置主轴转速为 500 r/min, 并让主轴正转, 操作步骤如表 2-7 所示。MDI 运行画面如图 2-7 所示。

表 2-7 MDI 运行的步骤

序号	操作步骤	操作内容
1	选择"MDI"方式	按下"MDI"模式键
2	选择程序画面	按下系统键盘上的 PROG 键 , 显示程序画面, 系统会自动输入程序号"O0000"
3	输入以下程序内容: S500 M03;	按下系统键盘上的 EOB 键 、INSERT 键 可换行 通过系统键盘, 输入"S500 M03" 再按下系统键盘上的 EOB 键 、INSERT 键 , 完成输入
4	执行程序	将光标移至程序开始处, 即"O0000"处, 按下操作面板上的循环启动按钮 , 程序开始执行

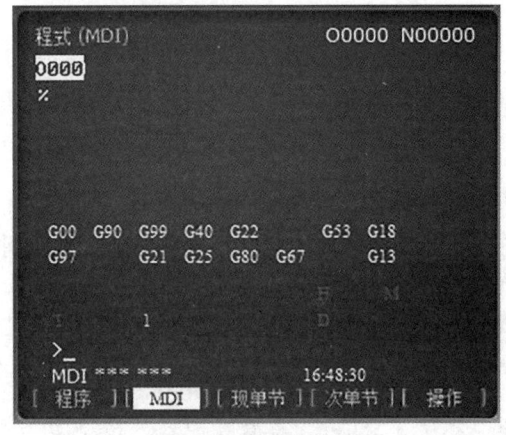

图 2-7 MDI 运行画面

5. 加工程序编辑与管理

首先需要打开程序保护开关，使程序处于编程状态下，随后通过系统键盘将程序输入存储器中，并进行程序管理，具体步骤如下。

（1）创建新程序

创建一个新程序的操作步骤如表2-8所示。

表2-8　创建新程序的步骤

序号	操作步骤	操作内容
1	选择"编辑"模式	按下"编辑"模式键
2	选择程序画面	按下系统键盘上的PROG键
3	输入程序名（不能与机床存储区已有的程序重名）	通过系统键盘输入"O××××" 按下系统键盘上的INSERT键，将"O××××"输入程序显示区
4	输入程序	按下系统键盘上的EOB键、INSERT键，换行 通过系统键盘，输入"N10 T0101"并按下INSERT键 通过系统键盘，输入"N20 S1200"并按下INSERT键 通过系统键盘，输入"N30 G00 X35.0 Z10.0"并按下INSERT键 …… 通过系统键盘，输入"N110 M30"并按下INSERT键

（2）插入、修改和删除操作

插入、修改和删除程序的方法如下。

①按下"编辑"模式键 。

②修改：将光标移动到需要替换的字上，输入新的程序字，按下ALTER键 。

③插入：将光标移至插入位置的前一个字上，输入需要插入的字，按下INSERT键 ，即可插入内容。

④删除：选中需要删除的字，按下DELETE键 ，即可删除该内容。

（3）检索字

通过检索键可以快速检索程序中的某一个字。

以检索"G02"为例，具体步骤如下：输入"G02"，按下软键［检索↓］，系统将从上至下进行检索，光标将落在第一个"G02"处。

（4）将程序指针指向程序头

将程序指针指向程序头，就是将光标移到程序的起始位置，具体有下面两种方法。

①若程序已经显示在显示屏上，在"编辑"模式，按下复位键 即可将程序指针

项目2 FANUC 0i/0i Mate T数控车床的基本操作

指向程序头。

②若程序未显示在显示屏上，在"自动"模式或"编辑"模式，先按下 PROG 键，选择程序画面，然后输入程序号"O××××"，使程序显示在显示屏缓存区上。接着任选下列操作之一。

- 按下软键［O 检索］。
- 依次按下软键［操作］、［REWIND］。

（5）删除程序段

①删除一个程序段的步骤。

- 将光标移至需要删除的程序段位置。

- 按下系统键盘上的 EOB 键。

- 按下键盘上的删除键，即可删除该程序段。

②删除多个程序段的步骤。

- 将光标移至需要删除的第一个程序段的段号处。
- 在缓存区输入需要删除的最后一个程序段的段号。

- 按下键盘上的删除键，即可删除多个程序段。

（6）检索程序号

当存储器中存有多个程序时，可以对程序进行检索，操作步骤如下。

①按下"编辑"模式键或"自动"模式键。

②分别按下 PROG 键和软键［DIR］，此时屏幕显示存储器内所有程序号。

③在缓存区输入要检索的程序号"O××××"。

④按下软键［O 检索］。检索操作完成后，程序会显示在显示屏上，同时在显示屏的右上角会显示被检索的程序号。如果程序未被找到，则产生 P/S 报警 71 号。

（7）删除程序

删除程序时，可以分为删除单个程序、删除全部程序，以及删除部分程序三种情况。

①删除单个程序的操作步骤。

- 按下"编辑"模式键。

- 分别按下 PROG 键和软键［DIR］，此时显示屏将显示存储器内所有程序号。

- 输入要删除的程序号。

- 按下 DELETE 键。

- 按下软键［EXEC］，程序被删除。

②删除全部程序的操作步骤。

• 按下"编辑"模式键 ![编辑]。

• 分别按下 PROG 键 ![PROG] 和软键 [DIR]，此时显示屏将显示存储器内所有程序号。

• 输入"O-9999"。

• 按下 DELETE 键 ![DELETE]，即可删除全部程序。

③删除部分程序的操作步骤。

• 按下"编辑"模式键 ![编辑]。

• 分别按下 PROG 键 ![PROG] 和软键 [DIR]，此时显示屏将显示存储器内所有程序号。

• 在缓存区输入需要删除的程序的程序号范围，中间用","分开，如"OXXXX，OYYYY"。其中，"OXXXX"为所需删除的程序的起始程序号，"OYYYY"为所需删除的程序的结束程序号。

• 按下 DELETE 键 ![DELETE]。

• 按下软键 [EXEC]，OXXXX 至 OYYYY 的程序将被全部删除。

2.1.5 检查评估

任务 2.1 数控车床操作评分标准如表 2-9 所示。

表 2-9 数控车床操作评分标准

姓名			时间		总得分	
项目	序号	检查内容		配分	点评	得分
知识掌握（20分）	1	基本知识		20		
机床操作（60分）	2	面板的组成及功用		5		
	3	开机、关机		10		
	4	回零操作		5		
	5	手动操作		10		
	6	手轮操作		10		
	7	MDI 操作		10		
	8	程序录入、编辑		10		
文明生产（10分）	9	安全操作		5		
	10	机床整理		5		
团队协作（10分）	11	解决问题 团结互助		10		

思考与练习

简答题

（1）循环启动按钮的作用是什么？

（2）PROG 键的作用是什么？

（3）启动数控车床前，必须做哪些检查工作？

（4）"在 MDI 模式中，用机床操作面板上的键在程序显示画面最多可编制 6 行程序段（与普通程序的格式一样），然后执行。"这句话对吗？

（5）MDI 模式中建立的程序能够存储吗？

（6）手轮操作的作用是什么？用于什么场合？

（7）如果需要中途停止或结束 MDI 运行，应如何操作？

（8）手动连续进给的优点是什么？用于什么场合？

（9）在进行"回参考点"操作前，数控车床对 X 轴、Z 轴的位置有要求吗？

（10）"紧急停车后，应重新进行机床回参考点操作，才能再次运行程序。"这句话对吗？

（11）数控机床开机后，是否必须进行回参考点操作？

（12）开机后，回参考点的目的是什么？

（13）如何从存储器中删除一个已有的程序？

（14）如何创建一个新程序？

（15）数控车床的机床原点、编程原点、参考点有什么区别？

（16）编程坐标系与机床坐标系有何关系？

任务 2.2 对刀操作与自动加工

知识目标
（1）掌握 FANUC 0i/0i Mate T 数控车床的试切对刀方法。
（2）掌握 FANUC 0i/0i Mate T 数控车床的刀具偏置补偿、圆弧半径补偿与刀具参数输入方法。
（3）掌握 FANUC 0i/0i Mate T 数控车床的自动加工操作。
（4）了解 FANUC 0i/0i Mate T 数控车床的工件原点偏置量、工件坐标系偏置量设定。

能力目标
（1）能正确装刀、手动试切对刀。
（2）能正确设置刀具参数。
（3）能对加工程序进行校验、单步运行、空运行，并完成工件试切。

素养目标
（1）培养合作意识和团队精神。
（2）牢固树立质量意识，培养工匠精神。
（3）遵规守纪，爱护设备，钻研技术，安全生产。

励志故事

大国工匠——崔蕴

崔蕴是天津航天长征火箭制造有限公司总装车间特级技师，也是我国唯一一位参与了所有现役捆绑型运载火箭研制全过程的特级技能人才。四十年来，他痴迷于火箭事业，以严谨的态度和忠诚的精神，带出了一支技能过硬的大火箭总装装配队伍。因此，崔蕴被称为"中国新一代运载火箭总装第一人"。

2.2.1 任务描述

装夹 φ20 mm 的 2A16 棒料，完成项目 1 中图 1-1 所示阶梯轴的加工程序 O1001 的模拟与加工。

2.2.2 知识准备

1. 车刀的安装要求

车刀的安装是将车刀装夹在刀架上的操作过程。车刀装夹的效果直接影响工件车削的质量。所以，在装夹车刀时，必须注意下列事项。

①车刀装夹在刀架上后伸出的部分应尽量短，以增强其刚性，伸出部分长度为刀柄厚度的1~1.5倍。车刀下面垫片的数量也应尽量少（一般为1~2片），垫片应与刀架边缘对齐，且至少使用两个螺钉平整压紧，以防振动［如图2-8（a）所示］。以下原因可能导致车刀安装不正确：垫铁没有与刀架对齐，车刀没有用两个螺钉压紧在刀架上［如图2-8（b）］所示；伸出部分太长，垫铁有悬空，没有与刀架对齐［如图2-8（c）］所示。

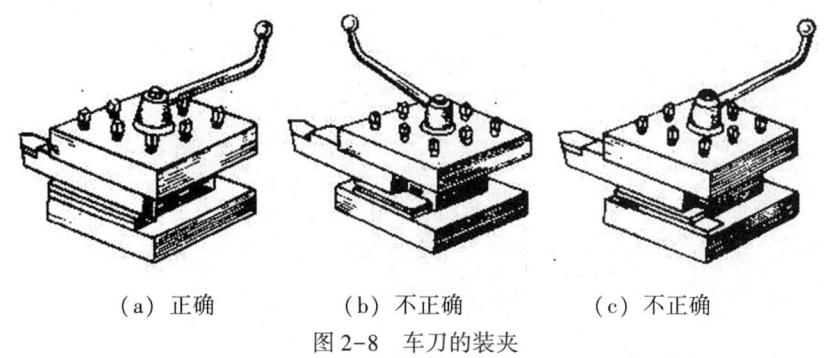

(a) 正确　　　　　　(b) 不正确　　　　　　(c) 不正确

图2-8　车刀的装夹

②车刀的刀尖应与工件的中心等高，即车刀的刀尖对准工件的中心。若车刀的刀尖高于工件的轴线，车刀的实际后角会减小，从而使车刀与工件之间的摩擦增大。若车刀的刀尖低于工件的轴线，车刀的实际前角会减小，从而使切削阻力增大。若刀尖未与工件的中心等高，在车削端面时，端面中心会有凸头。在使用硬质合金车刀时，若忽视此点，车削到工件中心处时可能使刀尖崩碎。刀尖安装高度如图2-9所示。

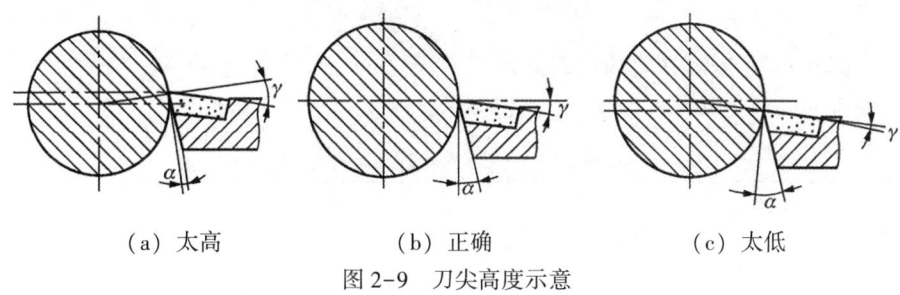

(a) 太高　　　　　　(b) 正确　　　　　　(c) 太低

图2-9　刀尖高度示意

通常可以采用下列几种方法使车刀刀尖与工件的中心等高：
- 根据车床的主轴中心高，用钢直尺测量装刀。
- 根据机床尾座顶尖的高低装刀。
- 将车刀靠近工件的端面，采用目测的方式来估计车刀的高低，确定位置合适后再夹紧车刀，并通过试车端面来检测车刀的高低是否准确，并根据端面的中心来调整车刀。

③除非特殊情况需要，否则车刀不要安装歪斜，这样会对主偏角、副偏角影响较大，尤其在车削螺纹时，会使牙型角产生误差。

2. 对刀操作

将工件及刀具安装好后，要进行对刀操作。

对刀操作的目的是确定工件坐标系与机床坐标系的位置关系。在零件加工时，刀位点的位置坐标计算是以工件原点为参考的，而刀具（刀架）的运动是以机床原点为参考的。

工件装夹后，其在机床坐标系中的位置便已确定，但此时该位置的具体数值尚不清楚，只有通过对刀操作才能获取这两个坐标系之间的偏置关系，从而实现两个坐标系之间坐标的转换（将刀位点在工件坐标系中的坐标转换为在机床坐标系中对应的坐标）。

设定工件坐标系的原点位于工件右端面的中心处。Z 轴方向和 X 轴方向的试切对刀操作如图 2-10 所示。

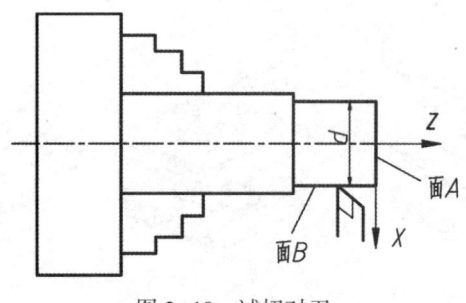

图 2-10 试切对刀

视频：FANUC 数控车床对刀

（1）Z 轴方向与 X 轴方向的对刀操作

① Z 轴方向的对刀操作步骤如表 2-10 所示。

表 2-10 Z 轴方向的对刀操作步骤

序号	操作步骤	操作内容
1	试切工件端面	(1) 在手动模式下，将刀具快速移动至接近工件 (2) 在 MDI 模式下，让主轴正转（注意：若开机后，主轴已经工作过，则直接按下"主轴正转"键） (3) 在手轮模式下，通过旋转手轮切削工件端面 A
2	沿 X 轴方向退离工件	通过旋转手轮，使刀具沿 X 轴方向原路退出 注意：Z 轴方向不要移动
3	设置刀具偏置值	(1) 按下 SET 键 和软键 [补正]、[形状]，显示刀具补正界面（如图 2-11 所示） (2) 将光标移动至欲设定的偏置刀号处，如图 2-11 中"G001"行 (3) 在缓存区输入"Z0"。 (4) 按下软键 [测量]，即可完成 Z 轴方向的对刀

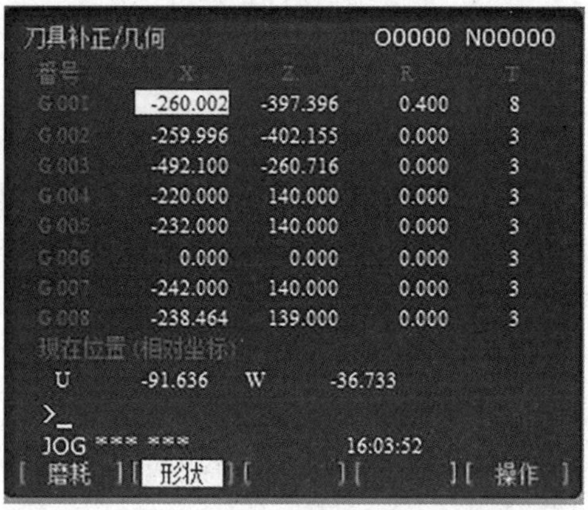

项目2　FANUC 0i/0i Mate T数控车床的基本操作

刀具补正/几何			O0000 N00000	
番号	X	Z	R	T
G 001	-260.002	-397.396	0.400	8
G 002	-259.996	-402.155	0.000	3
G 003	-492.100	-260.716	0.000	3
G 004	-220.000	140.000	0.000	3
G 005	-232.000	140.000	0.000	3
G 006	0.000	0.000	0.000	3
G 007	-242.000	140.000	0.000	3
G 008	-238.464	139.000	0.000	3

现在位置(相对坐标)
U　　-91.636　　W　　-36.733
>_
JOG *** ***　　　　　　16:03:52
[磨耗][形状][　　][　　][操作]

图 2-11　FANUC 0i/0i Mate T 数控车床刀具补正界面

②X 轴方向的对刀操作步骤如表 2-11 所示。

表 2-11　X 轴方向的对刀操作步骤

序号	操作步骤	操作内容
1	试切工件外圆柱面	(1) 在手动模式下，使刀具快速移动至接近工件 (2) 在 MDI 模式下，让主轴正转（注意：若开机后，主轴已工作过，则直接按下"主轴正转"键）  (3) 在手轮模式下，通过旋转手轮切削工件外圆柱面 B
2	沿 Z 轴方向退离工件	(1) 通过旋转手轮，使刀具沿 Z 轴方向原路退出 (2) 按下"主轴停止"键，使主轴停转  注意：X 轴方向不要移动
3	设置刀具偏置值	(1) 用游标卡尺测量试切工件外圆柱面 B 的直径 d (2) 按下功能键和软键［补正］、［形状］，显示刀具补正界面（如图 2-11 所示）  (3) 将光标移动至欲设定的偏置刀号处 (4) 在缓存区输入测量到的直径 d，如"X30.0" (5) 按下软键［测量］，即可完成 X 轴方向的对刀

(2) 设置刀尖圆弧半径和刀尖运动方向

在项目 1 任务 1.2 中，我们已经知道，如果在数控加工程序中使用了刀具半径补偿指令，那么在加工时，需要在数控系统中设置刀尖圆弧半径补偿的相关参数：一个是刀尖圆弧半径，另一个是刀尖方位号。数控系统将根据提供的这两个参数确定补偿量。

车刀的种类不同，其对应的刀尖运动方向也可能不同，图 2-12 所示为部分车削加工所用车刀及其切削方向。不同的刀尖方向用不同的编号表示，图 2-13 所示为刀尖方位号，共有 10 种（T0~T9），表示 9 个方向的位置关系。T0 和 T9 表示假想刀尖点与刀尖圆弧中心点重合，这种情况下也可以理解为不进行刀尖圆弧半径补偿。T1~T8 分别表示刀尖圆弧中心位于假想刀尖点的不同方向。

加工前，通过操作面板，将刀尖圆弧半径值（R）和刀尖方位号（T）填写到刀具补正界面对应的刀具位置处即可，如图 2-14 所示。

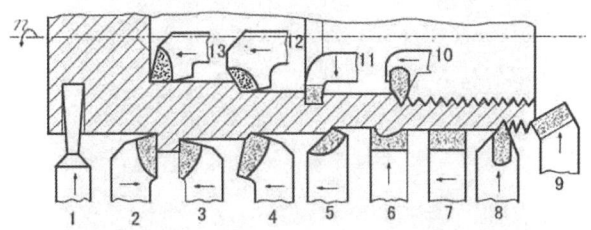

图 2-12　车刀及其切削方向

1—切断刀；2—左偏刀（反刀）；3—右偏刀（正刀）；4—弯头车刀；5—直头车刀；
6—成形车刀；7—宽刃精车刀；8—外螺纹车刀；9—端面车刀；10—内螺纹车刀；
11—内切槽刀；12—通孔车刀；13—盲孔车刀

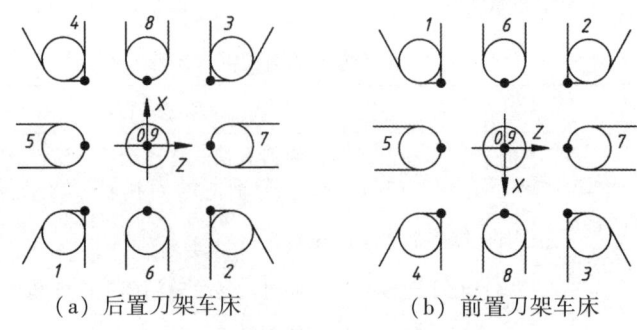

（a）后置刀架车床　　　　　　　（b）前置刀架车床

图 2-13　刀尖方位号

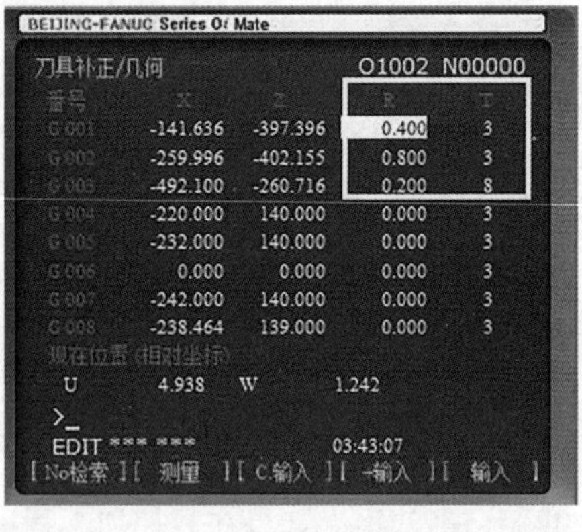

图 2-14　R 和 T 在刀具补正界面的填写位置

3. 工件原点偏置设定

工件原点偏置设定也可作为对刀方式的一种。在进行多件或批量零件加工时，由于工件毛坯长度不一，所以安装后其伸出卡爪的长度也不同，此时就应进行工件原点偏置设定（可使用 G54、G55 等指令，指令介绍参见本书项目 3 任务 3.1）。加工第一个工件时，因为工件原点偏置为零，此项可以省略。工件原点偏置量的设定界面如图 2-15 所示。

显示和设定工件原点偏置量的操作步骤如表 2-12 所示。

项目2　FANUC 0i/0i Mate T数控车床的基本操作

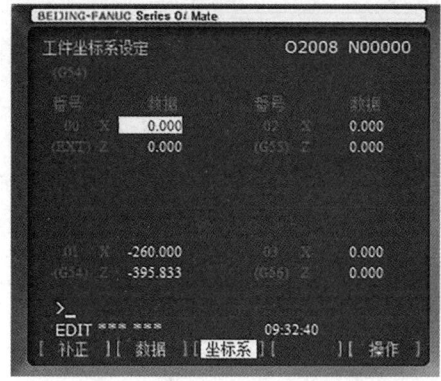

图 2-15　工件原点偏置量的设定界面

表 2-12　显示和设定工件原点偏置量的操作步骤

序号	操作步骤	操作内容
1	显示工件原点偏置量的设定界面	(1) 按下 SET 键 (2) 按下软键 [坐标系]，显示工件原点偏置量的设定界面，如图 2-15 所示 (3) 工件原点偏置量的设定界面有两页，可通过以下方法显示所需的页面 ● 按下翻页键显示所需的页面 ● 输入工件坐标系番号（0：外部工件原点偏置。1～6：工件坐标系 G54～G59）。按下软键 [No 检索]
2	设定工件原点偏置量	(1) 移动光标到所需改变的工件原点偏置量处 (2) 输入所需值后，按下软键 [输入]，输入的值即被指定为工件原点偏置量；或输入所需值后，按下软键 [+输入]，输入的值与原有值相加后被指定为工件原点偏置量

4. 工件坐标系偏置设定

工件坐标系偏置设定也可作为对刀方式的一种。当使用 G50 指令（指令介绍参见本书项目 3 任务 3.1）或自动坐标系设定的坐标系与编程时使用的工件坐标系不同时，所设定的坐标系可被偏置。工件坐标系偏置量的设定界面如图 2-16 所示。

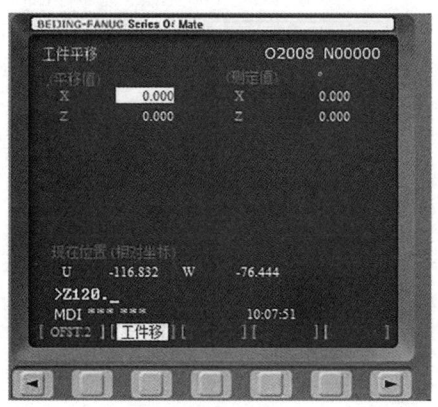

图 2-16　工件坐标系偏置量的设定界面

显示和设定工件坐标系偏置量的操作步骤如表 2-13 所示。

表 2-13 显示和设定工件坐标系偏置量的操作步骤

序号	操作步骤	操作内容
1	显示工件坐标系偏置量的设定界面	(1) 按下 SET 键 (2) 连续按下菜单扩展键 两次，直至显示工件坐标系偏置量的设定界面（如图 2-16 所示）
2	设定工件坐标系偏置量	(1) 按下软键 ［工件移］ (2) 将光标移至需要设置工件坐标系偏置量的轴上 (3) 输入偏置量并按下软键 ［INPUT］

5. 图形模拟加工

图形模拟加工功能可以使显示屏上显示刀具的移动轨迹，以提前检查程序的准确性。首先将需要模拟加工的数控程序调出，然后进行图形模拟加工。图形参数界面如图 2-17 所示。

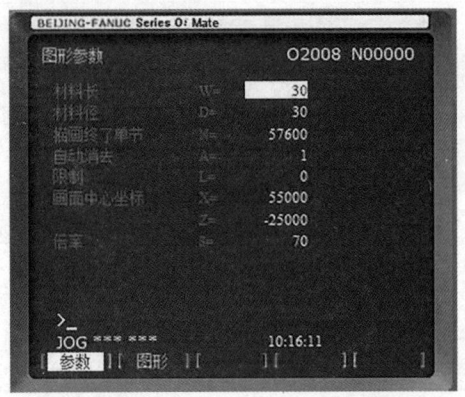

图 2-17 图形参数界面

图形模拟加工的操作步骤如表 2-14 所示。

表 2-14 图形模拟加工的操作步骤

序号	操作步骤	操作内容
1	设置参数	(1) 按下 GRPH 键，显示图形参数界面（如果不显示该界面，按下软键 ［参数］） (2) 将光标移动到所需设定的参数处 (3) 输入数据，然后按下 INPUT 键
2	选择自动模式	按下 "自动" 模式键，选择自动模式

(续表)

序号	操作步骤	操作内容
3	图形模拟加工	（1）依次按下软键［图形］、［操作］、［EXEC］后，机床开始图形模拟加工，并且在显示屏上显示刀具的运动轨迹。图形可整体或局部放大 （2）按下 GRPH 键，然后按下软键［放大］可以显示放大的图形，放大的图形有 2 个放大光标（■），通过 2 个放大光标定义的对角线的矩形区域，可以将其放大到整个画面 （3）按下软键［上/下］，可以激活放大光标；激活后的放大光标会闪烁不停，按下光标键 ↑ 、↓ 、← 、→ ，可以移动放大光标 （4）若想取消原来的图形，则可按下软键［ERASE］擦除

6. 自动加工

常见的自动加工方式有自动加工循环、机床锁住循环、倍率开关控制循环、机床空运行循环、单段执行循环、跳段执行循环等。

（1）自动加工循环

自动加工循环是指在自动加工状态下，执行选定的数控加工程序。

①操作步骤。自动加工循环的操作步骤如表 2-15 所示。

表 2-15　自动加工循环的操作步骤

序号	操作步骤	操作内容
1	从存储的程序中选择一个程序	（1）按下 PROG 键，显示程序画面 （2）输入想要选择的程序的程序号"O××××" （3）按下软键［O 检索］
2	选择自动模式	按下"自动"模式键，选择自动运行模式
3	实现自动运行	按下操作面板上的循环启动按钮，启动自动运行

②中途停止自动运行。在自动运行模式下，当按下操作面板上的进给暂停按钮时，停止自动运行；再按一次循环启动按钮时，恢复自动运行。

③结束自动运行。按下键盘上的复位键，结束自动运行并进入复位状态。在运行期间复位时，机床移动会逐渐减速直至停止。

（2）机床锁住循环

机床锁住循环是指在数控系统工作时，显示屏动态显示机床的运动情况，但不执行主轴转动、进给、换刀、冷却液打开等动作。此功能主要用于全自动循环加工前的程序调试。机床锁住有两类：一类是锁住所有轴，停止全部轴的移动；另一类是锁住部分轴，即锁住指定轴，仅停止指定轴的移动。另外，部分机床还有辅助功能锁住功能，能锁住 M、S 和 T 等指令的执行。

机床锁住和辅助功能锁住步骤如下。

①按下操作面板上的"机床锁住"键 ![机床锁住] 后，机床不移动，但显示屏上显示各轴的位置在变化。

②按下操作面板上的"辅助功能锁住"键，M、S和T指令无效。

（3）倍率开关控制循环

在自动加工时，可通过倍率开关将转速、快速进给速度和切削进给速度调整到合适的数值，而无须修改程序。编程的进给速度可通过选择倍率刻度盘的百分比值（%）来减慢或加快，这个特性主要用于检查程序。例如，程序中指定进给速度为 100 mm/min，如果设定倍率刻度为 50%，那么机床将以 50 mm/min 的速度移动。

改变进给倍率的步骤如下：在自动加工前或过程中，转动进给修调倍率选择旋钮，选择想要的百分值。

（4）机床空运行循环

在自动加工之前，使机床空运行，以检查程序的正确性。空运行时的进给速度为系统设定值。

机床空运行循环的步骤如下。

①按下"自动"模式键 ![自动] ，选择自动运行模式。

②按下"空运行"键 ![空运行] ，机床会开始快速移动。

（5）单段执行循环

在试切削时，出于安全考虑，可选择单段执行循环的模式来运行加工程序。

设置单段执行循环的步骤如下。

①按下操作面板上的"单段"模式键 ![单段] ，再按下循环启动按钮 ![循环启动] ，机床执行当前程序段。在当前程序段执行完后，机床将停止移动。

②按下循环启动按钮 ![循环启动] ，执行下一个程序段。重复此操作，直至所有程序段执行完后，机床将停止移动。

（6）跳段执行循环

跳段执行循环是指在自动加工时，数控系统可以跳过某些指定的程序段。例如，在某一程序段的段首加上"/"（如"/N100 G01……；"），且按下"跳步"键 ![跳步] ，在自动加工时，该程序段就将被跳过，不执行。

7．尺寸精度控制

加工程序是按零件各基点坐标值编制的，理论上按照加工程序加工的零件的尺寸应该是合格的，但受对刀误差、机床刚度差异、刀具锋利程度变化等因素的影响，工件的实际尺寸可能会产生超差。为保证零件尺寸精度，避免超差产生，可在数控车床刀具磨耗设置界面中修改刀具磨耗值。现以加工工件外圆为例，介绍磨耗设置的操作实例。

假设所需加工的圆柱图样尺寸为 $\phi 35$ mm，程序中精加工余量设置为 0.3 mm，粗加工后，理论上测量所得的圆柱尺寸应是 ϕ35.3 mm。

第一种情况：磨耗设置界面中 X、Z 后的值为 "0"。

假设粗车后，实测得到的圆柱尺寸为 ϕ35.34 mm，实际尺寸比理想尺寸偏大 0.04 mm，此时可在刀具磨耗设置界面所对应的刀具补偿号处输入补偿值，如在 1 号刀具番号 W01 中的 X 轴方向输入补偿值 "-0.04"，再执行加工。

假设粗车后，实测得到的圆柱尺寸为 ϕ35.24 mm，实际尺寸比理想尺寸偏小 0.06 mm，此时可在刀具磨耗设置界面所对应的刀具补偿号处输入补偿值，如在 1 号刀具番号 W01 中的 X 轴方向输入补偿值 "0.06"，再执行加工。

第二种情况：磨耗设置界面中 X、Z 后的值不为 "0"，需在原来的 X、Z 数值的基础上进行累加。

例如，原来界面 X 轴方向补偿值中已有数值 "0.1"，且实际尺寸比理想尺寸偏大 0.04 mm，则输入 "-0.04"，再按下软键 [+输入]；而如果实际尺寸比理想尺寸偏小 0.06 mm，则输入 "0.06"，再按下软键 [输入]。

当 Z 轴方向（长度方向）的实际尺寸与理想尺寸有偏差时，修改操作与 X 轴方向相同。

8. 检测量具

本任务的主要检测量具为游标卡尺、百分表及千分表，其使用方法如下。

（1）游标卡尺的使用方法

①测量前，应将测量爪和被测工件表面擦拭干净，以免影响测量精度。

②使用前，检查游标卡尺测量爪和测量刃口是否平直无损，两测量爪贴合时有无漏光现象，游标和主尺尺身的零线是否对齐。若未对齐，可在测量后根据原始误差进行读数修正或将游标卡尺校正到零线后再使用。

③测量时，所用的测力以两测量爪刚好接触零件表面为宜。

④测量工件外尺寸时，应先使游标卡尺外测量爪间距略大于被测工件的尺寸，再使用固定量爪贴住工件，用轻微压力把活动量爪推向工件，并找出最小尺寸。同时，外测量爪的两测量面和被测工件表面接触点的连线应与被测工件表面互相垂直（如图 2-18 所示）。

游标卡尺介绍

百分表、千分表介绍

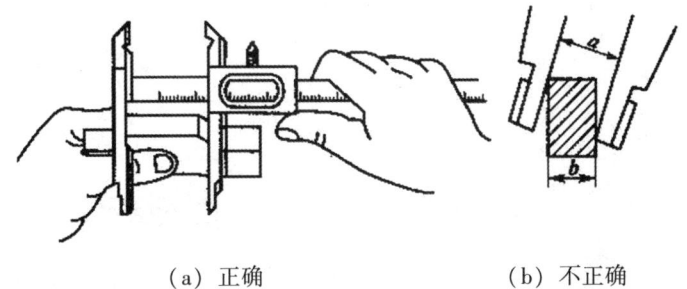

(a) 正确　　　　　(b) 不正确

图 2-18　游标卡尺测量工件外尺寸

⑤测量工件内尺寸时，应使游标卡尺内测量爪的间距略小于工件的被测孔径尺寸，将测量爪沿孔中心线放入，先使尺身内测量爪与孔壁一边贴合，再使游标内测量爪与孔壁另一边接触，找出最大尺寸。同时，内测量爪的两测量面和被测工件内孔表面接触点的连线应与被测工件内表面互相垂直（如图 2-19 所示）。

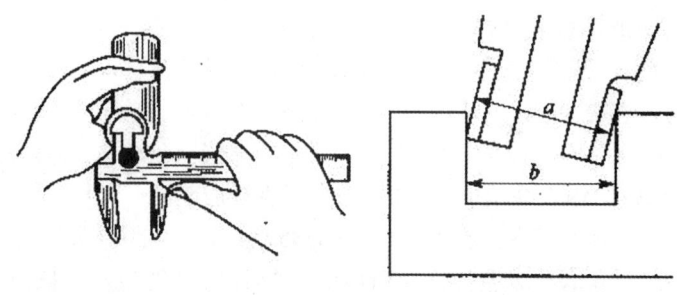

（a）正确　　　　　　　　（b）不正确

图 2-19　游标卡尺测量工件内尺寸

⑥测量孔深或高度时，应使深度游标卡尺的测量面紧贴孔底，游标卡尺的端面与被测工件的表面接触，且深度游标卡尺应垂直，不可前后左右倾斜。

⑦测量时，移动游标使量爪与工件接触；取得尺寸后，把紧固螺钉旋紧后再读数，以防尺寸变动。

⑧读数时，将游标卡尺置于水平位置，视线垂直于刻线表面，避免因视线歪斜造成读数误差。

（2）百分表与千分表的使用方法

①使用前，要认真检查外观，如玻璃是否破裂或脱落，是否有灰尘或湿气侵入表内。检查测量杆的灵敏性，是否移动平稳、灵活、无卡住。

②触头与被测工件表面接触时，测量杆应该先有 0.3～1 mm 的压缩量，通过转动表圈，使表盘的零刻线对准主指针（方便读数），再轻轻提拉测量杆，重新检查主指针所指零位是否有变化，反复几次直到校准为止。

③使用时，必须把百分表可靠地固定在表座或其他支架上（如图 2-20 所示），否则可能会摔坏百分表。

④在车床上测量工件径向跳动、端面跳动时，应把装夹百分表的磁性表架或万能表架放在平板、工作台或某一平整位置上（如图 2-21 所示）。百分表在表架上的上、下、前、后位置可以任意调节。

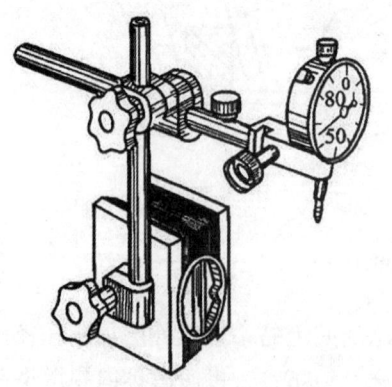

图 2-20　百分表表座

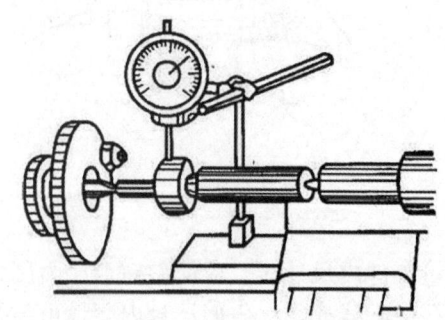

图 2-21　在车床上使用百分表

⑤测量工件时，百分表的触头应垂直于被检测的工件表面或回转轴线，否则会产生误差。

⑥测量工件平行度时，将工件、表座放在平台上。移动表座或工件，如果指针顺时针摆动，则说明工件偏高；反之，则说明工件偏低。

⑦当测量轴时，以指针摆动最大数字为读数（最高点）；当测量孔时，以指针摆动最小数字为读数（最低点）。

⑧百分表既可用作绝对测量，也可用作相对测量。进行相对测量时，以量块作为标准件，因此具有较好的测量精度。

千分表与百分表结构相似，读法相仿，故不再重复介绍千分表的测量步骤。

2.2.3 方案设计

1. 小组分工

教师引导学生进行小组分工，组长根据实际情况填写表 2-16。

表 2-16 小组分工

小组信息	班级名称			日　　期	
	小组名称			组长姓名	
	岗位分工				
	成员姓名				

2. 讨论工作计划

小组成员共同讨论工作计划，分析并列出本次任务中的操作重点。

（1）正确安装工件。

（2）正确安装刀具。

（3）手动试切对刀操作。

（4）刀尖偏置补偿、半径补偿与刀具参数输入操作。

（5）利用图形模拟加工，进行加工程序校验。

（6）单段执行循环操作。

（7）机床空运行循环操作。

（8）自动加工循环操作。

（9）工件的检测与刀补修调操作。

（10）工件原点偏置量设定、工件坐标系偏置量设定的操作。

2.2.4 任务实施

1. 开机

启动数控车床。

2. 手动回参考点

机床回参考点的顺序是先 X 轴，后 Z 轴，防止刀架碰撞尾座。另外，当滑板上的挡块距离参考点不足 30 mm 时，要先按"手动"模式键 使滑板移向参考点的负方向，然后再回机床参考点。

3. 装夹工件与刀具

（1）安装工件。采用三爪自定心卡盘夹住棒料外圆，进行外圆找正后，再夹紧工件。注意：工件装夹一定要牢固。

（2）安装刀具。外圆车刀的安装步骤如下。

①将刀片装入刀体内，旋入螺钉，并拧紧。

②将刀杆装上刀架前，先清洁装刀表面和车刀刀柄。

③车刀在刀架上伸出的长度约等于刀杆高度的1.5倍，伸出太长会影响刀杆的刚性。

④车刀刀尖应与工件中心等高。

⑤刀杆中心应与进给方向垂直。

⑥至少用两个螺钉压紧车刀，固定好刀杆。

4. 对刀操作

完成Z轴与X轴方向的对刀操作。

5. 输入程序与图形模拟加工

（1）输入项目1图1-1所示的阶梯轴的加工程序O1001。

（2）利用图形模拟加工功能检查程序的准确性。

图形模拟加工结束后，必须取消空运行和锁住功能，同时进行全轴操作。

全轴操作步骤：按下POS键，依次按下软键［绝对坐标］、［操作］、［w预置］、［所有轴］，使得显示屏面板坐标和实际坐标一致。

6. 自动加工/单步运行

分别采用自动加工和单步运行加工零件。

7. 零件检测

（1）卸下工件。

（2）根据零件的尺寸精度要求选用游标卡尺或千分尺测量零件的直径和长度。

（3）选用表面粗糙度比较样板检测 Ra 值。

采用游标卡尺或千分尺对工件进行测量，并填写表2-17。

表2-17 阶梯轴零件的检测记录

序号	检测项目	自检值	备注
1	φ16 mm±0.02 mm		
2	φ18 mm±0.02 mm		
3	φ20 mm±0.02 mm		
4	15 mm		
5	20 mm		
6	Ra3.2 μm		
7	Ra6.3 μm		

8. 现场整理

关机。对数控机床进行清洁和保养，整理刀具、量具、工具，清扫场地。

2.2.5 检查评估

对此次任务内容进行评价,并填写表2-18。

表2-18 对刀操作与自动加工评价

姓名		零件名称	阶梯轴	时间		总得分	
项目		评估内容				配分	得分
基本操作 (50分)	工件与刀具的安装					5	
	程序录入与模拟					15	
	对刀					15	
	工作时间					5	
	安全文明生产					10	
尺寸检测 (35分)	图样尺寸		量具	学生自检	教师检测		
	ϕ16 mm±0.02 mm		游标卡尺			5	
	ϕ18 mm±0.02 mm		游标卡尺			5	
	ϕ20 mm±0.02 mm		游标卡尺			5	
	15 mm		游标卡尺			5	
	20 mm		游标卡尺			5	
	Ra3.2 μm		粗糙度样板			5	
	Ra6.3 μm		粗糙度样板			5	
学习与 团队合作 (15分)	学习能力					5	
	表达沟通能力					5	
	合作能力					5	

2.2.6 项目实训

输入项目1图1-1所示的阶梯轴的加工程序O1002,完成对刀操作、图形模拟加工及自动加工。同时要求熟悉下面的操作。

(1) 刀尖圆弧半径补偿与刀具参数输入操作。
(2) 刀补修调操作。
(3) 工件原点偏置量设定、工件坐标系偏置量设定的操作。

1. 思考

(1) 该零件的结构有什么特征?
(2) 加工该零件左端的编程坐标系如何建立?
(3) 为什么要进行对刀操作?
(4) 是否一定要进行工件原点偏置量与工件坐标系偏置量的设定?它们与对刀操作有

什么不同？

2. **计划与决策**

选择刀具、量具、夹具类型，确定工件定位与夹紧方案，确定工件坐标系与编程原点，确定图形模拟校验，确定刀补修调操作方法，确定工件原点偏置量设定，确定工件坐标系偏置量设定，确定尺寸检测步骤，确定机床的保养工作步骤与小组成员分工。

_____

_____

_____

_____

_____

_____

_____

_____

_____

_____

_____

_____

_____

_____

3. **实施**

操作与加工如表 2-19 所示。

表 2-19 操作与加工

机床运行前的检查	
工件装夹	
刀具安装	
对刀操作	
录入程序并调试	
零件加工	
测量	
工件原点偏置量设定	
工件坐标系偏置量设定	
机床、工具、量具保养与现场清扫	

4. **检查**

按表 2-20 的项目与评分标准对项目实训进行检查与考核。

项目2　FANUC 0i/0i Mate T数控车床的基本操作

表2-20　对刀操作与自动加工评分标准

姓名			零件名称		阶梯轴	时间		总得分	
项目	序号	技术要求		配分	评分标准		检测记录		得分
机床操作（50分）	1	零件装夹合理		5	不合理扣5分				
	2	刀具选择及安装正确		5	不正确扣5分				
	3	对刀及数据填写正确		5	不正确扣1分				
	4	程序录入		5	不正确扣1分				
	5	模拟校验与自动加工		5	不正确每处扣1分				
	6	刀补修调		5	不正确每处扣1分				
	7	机床面板操作正确		5	不正确每处扣1分				
	8	工件原点偏置量设定		5	不正确每处扣1分				
	9	工件坐标系偏置量设定		5	不正确每处扣1分				
	10	意外情况处理正确		5	不正确每处扣1分				
工件尺寸（35分）	11	φ16 mm±0.02 mm		5	每超差0.01 mm扣1分				
	12	φ18 mm±0.02 mm		5	每超差0.01 mm扣1分				
	13	φ20 mm±0.02 mm		5	每超差0.01 mm扣1分				
	14	15 mm		5	每超差0.01 mm扣1分				
	15	20 mm		5	每超差0.01 mm扣1分				
	16	Ra3.2 μm		5	每处降低一级扣1分				
	17	Ra6.3 μm		5	每处降低一级扣1分				
文明生产（15分）	18	安全操作		10	违反操作规程全扣				
	19	机床整理		5	不合格全扣				

5. 小结与评价

按表2-21规定的评价项目对学生项目实训进行评价。小组成员各自完成"自我评价"，组长完成"小组评价"，教师完成"教师评价"。最后学生分组上交文件材料及产品，做好实训室5S管理。

表2-21　任务评价表

姓名		班级		学号		日期	
序号	检查项目		自我评价	小组评价		教师评价	备注
1	遵守安全操作规范						
2	态度端正，工作认真						
3	能提前进行学习，并积极参加讨论						
4	能熟练、多渠道地查找参考资料						

(续表)

姓名		班级		学号		日期	
序号	检查项目		自我评价	小组评价	教师评价	备注	
5	能正确说出操作重点						
6	工作步骤执行、操作规范熟练						
7	能在规定时间内完成任务，并按要求上交（或打印）任务结果						
8	遵守纪律，积极协作						
9	做好设备保养工作						
10	做好 5S 管理工作						
	合计						
	总分						

注：①采用 10-9-7-5-3-0 分制给分。
②总分＝"自我评价"分数×20%＋"小组评价"分数×30%＋"教师评价"分数×50%。

简答题

（1）简述对刀的目的、步骤及注意事项。

（2）简述工件找正的目的、步骤及注意事项。

（3）在什么模式下进行图形模拟加工？为何要进行图形模拟加工？其操作步骤是什么？

（4）输入项目 1 图 1-1 所示的阶梯轴的加工程序 O1003，并完成对刀操作、图形模拟加工及自动加工。

项目 3

轴的加工

任务 3.1　使用 G90/G94 简单循环指令的圆柱/圆锥轴加工

知识目标
(1) 熟悉 G90、G94 指令。
(2) 熟悉粗车圆锥的分刀知识。
(3) 熟悉有关锥度的计算。
(4) 了解关于工件坐标系的 G50、G54~G59 指令。

能力目标
(1) 能正确运用 G90、G94 等指令进行加工程序的编制。
(2) 能使用简单循环指令加工简单形面。
(3) 能使用 G90 指令进行粗车,结合轮廓精加工路线进行编程与加工。

素养目标
(1) 弘扬劳动光荣、技能宝贵、创造伟大的时代精神。
(2) 牢固树立质量意识,培养严谨细致、精益求精的工匠精神。
(3) 遵规守纪,爱护设备,钻研技术,安全生产。

励志故事

大国工匠——李万君

李万君是中车长春轨道客车股份有限公司的首席焊工。他参与了几十种城铁车、动车组转向架的首件试制焊接工作,制定了 30 余种转向架焊接规范及操作方法,并攻克了 150 余项技术难题,其中 27 项成果获得了国家专利。

3.1.1 任务描述

要求编制数控加工程序并完成图 3-1 所示的锥轴零件的加工。已知毛坯为 φ40 mm× 95 mm 的棒料，材料为 2A16。

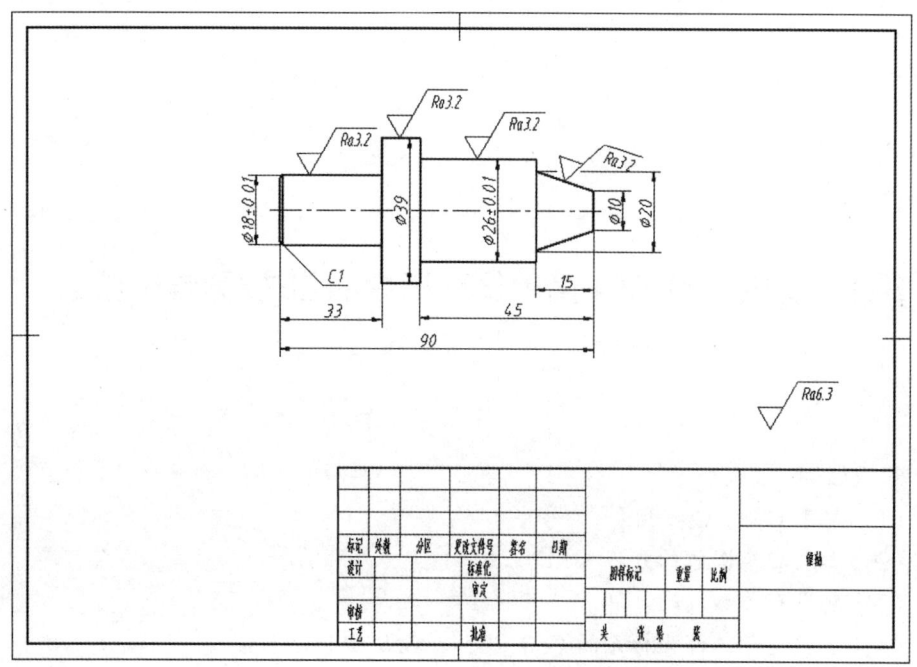

图 3-1 锥轴

3.1.2 知识准备

1. 粗车圆锥的分刀方式

由于圆锥两端的尺寸大小不同，因此在加工圆锥时，需要在 X 轴和 Z 轴两个方向上都进行刀具的切削运动。粗车圆锥时，可采用终点相同和斜率相同两种分刀方式（如图 3-2 所示）。终点相同时［如图 3-2（a）所示］，每次切削的深度都随着 Z 轴坐标的变化而变化；斜率相同时［如图 3-2（b）所示］，每次的背吃刀量都相同，但每次走刀的终点都不同，这种分刀方式的缺点就是空行程太长。为了避免斜率相同的分刀方式的缺点，可在粗车圆锥时选择终点相同的分刀方式。

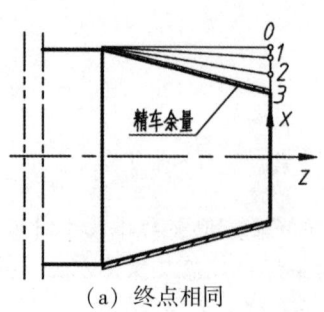   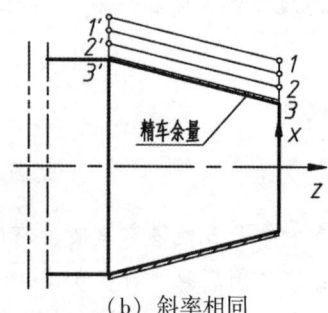

(a) 终点相同 　　　　　　　　　　(b) 斜率相同

图 3-2 粗车圆锥的分刀方式

2. 内（外）径车削循环指令

切削循环通常通过一个包含 G 代码的程序段来完成原来需多个程序段才能完成的加工操作，从而简化程序结构，提高编程效率。

（1）圆柱面内（外）径切削循环

格式：G90 X（U）____ Z（W）____ F____；

其中，X、Z 后的值为切削终点 C 在工件坐标系中的绝对坐标值；U、W 后的值为切削终点 C 相对于循环起点 A 的有向距离；F 后的值为进给速度。G90 为模态指令。

刀具轨迹：如图 3-3（a）所示，执行该指令的轨迹为 A—B—C—D—A。

（2）圆锥面内（外）径切削循环

格式：G90 X（U）____ Z（W）____ R____ F____；

其中，X、Z 后的值为切削终点 C 在工件坐标系中的绝对坐标值；U、W 后的值为切削终点 C 相对于循环起点 A 的有向距离；R 后的值为切削起点 B 与切削终点 C 在 X 轴绝对坐标的半径差值，有正、负号之分。当起点在 X 轴方向的坐标值比终点在 X 轴方向的坐标值小时，R 后的值取负；反之，R 后的值取正。

刀具轨迹：如图 3-3（b）所示，执行该指令的轨迹为 A—B—C—D—A。

R 后的值可以用相似三角形方法求解，具体公式如下：

$$R = \frac{D - D_{终}}{2L} \times (L + \Delta L) \qquad (3\text{-}1)$$

式中　D——圆锥端直径；

　　　$D_{终}$——圆锥切削终端直径；

　　　L——圆锥长度；

　　　ΔL——车刀与工件圆锥右端面的距离。

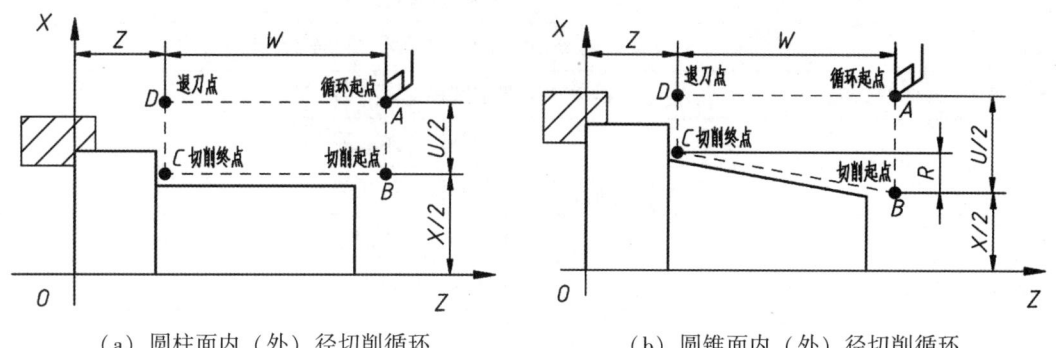

（a）圆柱面内（外）径切削循环　　　　（b）圆锥面内（外）径切削循环

图 3-3　内（外）径切削循环

例 3-1　用 G90 指令编写图 3-4 所示的圆锥体零件的加工程序。

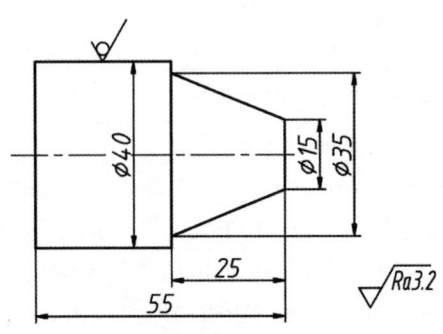

图 3-4 圆锥体零件

编程思路：假设端面已不需要加工。使用 G90 指令。第一步，车削 φ35 mm 圆柱面，分两刀切削，每刀背吃刀量为 2.5 mm，走刀轨迹如图 3-3（a）所示；第二步，车削圆锥面，采用终点相同的圆锥分刀方式，分四刀切削，每刀背吃刀量为 2.5 mm，走刀轨迹如图 3-3（b）所示。圆锥体零件的加工程序如表 3-1 所示。

表 3-1 圆锥体零件的加工程序

加工程序	程序注释
O3001；	程序号
G99 M03 S800 T0101；	主轴正转，转速为 800 r/min，选择 1 号刀并调用 1 号刀补
G00 G42 X42.0 Z2.0；	车刀快速到达循环起点，建立刀尖圆弧半径补偿
G90 X37.5 Z-25.0 F0.15；	使用 G90 指令车削 φ35 mm 圆柱，第一刀背吃刀量为 2.5 mm
X35.0；	车削圆柱，第二刀背吃刀量为 2.5 mm
X35.0 Z-25.0 R-2.7；	车削圆锥，第一刀
R-5.4；	车削圆锥，第二刀
R-8.1；	车削圆锥，第三刀
R-10.8；	车削圆锥，第四刀
G00 G40 X100.0 Z100.0；	快速退刀，取消刀尖圆弧半径补偿
M05；	主轴停止
M30；	程序结束，光标返回程序头

（3）端面切削循环

①平端面切削循环。

格式：G94 X（U）____ Z（W）____ F____；

其中，X、Z 后的值为切削终点 C 在工件坐标系中的绝对坐标值；U、W 后的值为切削终点 C 相对于循环起点 A 的有向距离；F 后的值为进给量。G94 为模态指令。

刀具轨迹：如图 3-5（a）所示，执行该指令的轨迹为 A—B—C—D—A。

视频：G94 平端面切削循环

② 圆锥端面切削循环。

格式：G94 X（U）____ Z（W）____ R____ F____；

其中，X、Z 后的值为切削终点 C 在工件坐标系下的绝对坐标；U、W 后的值为切削终点 C 相对于循环起点 A 的有向距离；R 后的值为切削起点 B 相对于切削终点 C 在 Z 轴方向的坐标增量，有正、负号之分。当起点在 Z 轴方向的坐标值比终点在 Z 轴方向的坐标值小时，R 后的值取负；反之，R 后的值取正。

刀具轨迹：如图 3-5（b）所示，执行该指令的轨迹为 A—B—C—D—A。

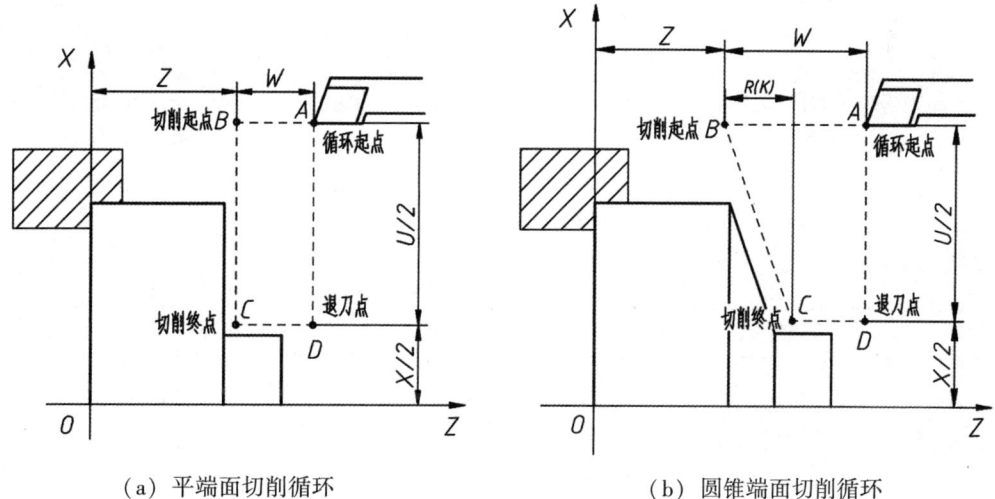

（a）平端面切削循环　　　　　　　　（b）圆锥端面切削循环

图 3-5　端面切削循环

视频：G94 圆锥端面切削循环

R 后的值可以用相似三角形方法求解，具体公式如下：

$$R = \frac{L}{D-D_终} \times (D-D_终 + \Delta L) \qquad (3-2)$$

式中　D——圆锥端直径；

　　　$D_终$——圆锥切削终端直径；

　　　L——圆锥长度；

　　　ΔL——车刀距离工件外圆的距离（直径值）。

例 3-2　用 G94 指令编写图 3-6 所示的锥台的圆锥部分的加工程序。

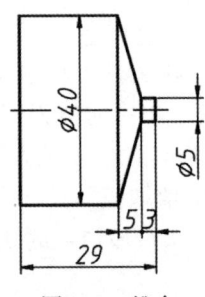

图 3-6　锥台

编程思路：使用 G94 指令。第一步，车削右端面；第二步，车削 φ5 mm 圆柱，分两刀切削，每刀背吃刀量为 1.5 mm，走刀轨迹如图 3-5（a）所示；第三步，车削锥台，采用终点相同的圆锥分刀方式，分两刀切削，每刀背吃刀量为 2.5 mm，走刀轨迹如图 3-5（b）所示。锥台的圆锥部分的加工程序如表 3-2 所示。

表 3-2　锥台的圆锥部分的加工程序

加工程序	程序注释
O3002;	程序号
G99 M03 S800 T0101;	主轴正转，转速为 800 r/min，选择 1 号刀并调用 1 号刀补
G00 G41 X42.0 Z3.0;	车刀快速到达循环起点，并建立刀尖圆弧半径补偿
G94 X-1.0 Z0 F0.15;	使用 G94 指令车削右端面
X5.0 Z-1.5;	车削 φ5 mm 圆柱，第一刀背吃刀量为 1.5 mm
X5.0 Z-3.0;	第二刀背吃刀量为 1.5 mm
X5.0 Z-3.0 R-2.65;	车削圆锥，第一刀
R-5.29;	车削圆锥，第二刀
G00 G40 X100.0 Z100.0;	快速退刀，取消刀尖圆弧半径补偿
M05;	主轴停止
M30;	程序结束，光标返回程序头

3. 有关坐标系的指令

(1) 工件坐标系的设定指令 G50

G50 指令可设定刀具的起点相对于工件原点的距离，即指出刀尖点相对于工件原点的位置，以此建立工件坐标系。一旦工件坐标系设定完成，后续所有的绝对坐标指令都将基于该工件坐标系来指定位置。

该指令为非模态指令，一般放在程序的起始处。

格式：G50 X____ Z____;

其中，X、Z 后的值分别为起刀点相对于工件原点在 X 轴方向和 Z 轴方向的距离，必须用绝对坐标设定。以图 3-7 中的起刀点（200，100）为例，使用 G50 指令设定工件坐标系的具体操作如下：

①用外圆车刀试车外圆，沿 Z 轴的正方向退刀至端面并保留少量余量（便于后续端面切削）。

②测量外圆直径，记为 ϕ。

③选择 MDI 模式，输入 "G01 U-ϕ F0.3;"，切削端面至中心（程序原点）。

④选择 MDI 模式，输入 "G50 X0 Z0;"，按下"循环启动"键。此时，刀尖当前位置被设为工件坐标系原点，程序原点与机床原点重合。

⑤选择 MDI 模式，输入 "G00 X200.0 Z100.0;"，使刀尖移动至起刀点。

使用 G50 指令设置刀具起点的注意事项如下：

①通常需将刀具偏置值设为零。

②运行程序前需先将刀具移至设定位置。

使用 G50 指令设置刀具起点的缺点是：起刀点的位置要在加工程序中设置，且操作较为复杂。但它支持手动精确调整起刀点。

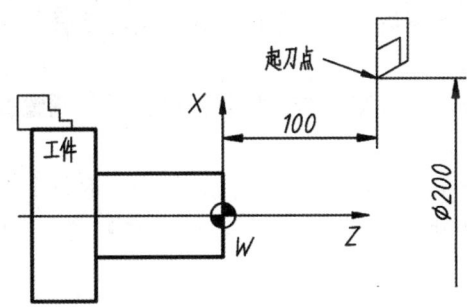

图 3-7 使用 G50 指令设定工件坐标系

(2) 工件坐标系的设定指令 G54~G59

G54~G59 指令用于人为地建立 6 个不同的工件坐标系，每个指令代表一个独立的工件坐标系。这些坐标系是在编程时使用的，也就是编程坐标系。这些指令都是模态指令。

在 MDI 模式下，将对刀操作过程获得的工件坐标系原点的机械坐标输入到相应的偏置寄存器中，数控系统在执行数控程序时就可以按照该工件坐标系中的坐标值运行了。例如，G54 工件坐标系的原点的设置需要将对应的机械坐标值输入到 G54 偏置寄存器中，

G55~G59 的设置方法类似。

系统断电后，使用 G54~G59 选择的工件坐标系原点的设置也不会丢失，再次开机后仍有效，并且与刀具当前的位置无关。工件坐标系是在通电后执行了返回参考点操作时建立的。通电时，系统的默认状态是自动选择 G54 工件坐标系。

（3）直接机床坐标系编程指令 G53

G53 用于在机床坐标系下进行编程操作。当程序段中包含 G53 时，如果采用绝对值编程方式，那么指令中的坐标值对应的是机床坐标系中的位置坐标。需要特别注意的是，一旦执行 G53 指令，之前通过 G54~G59 所设定的工件坐标系将被注销。此外，G53 属于非模态指令，即该指令仅在当前程序段有效，不会对后续程序段产生持续影响。

例如，在由 G56 指令设定的工件坐标系中，从起刀点（200，100）快速定位至目标点（80，3）的程序段如图 3-8 所示。

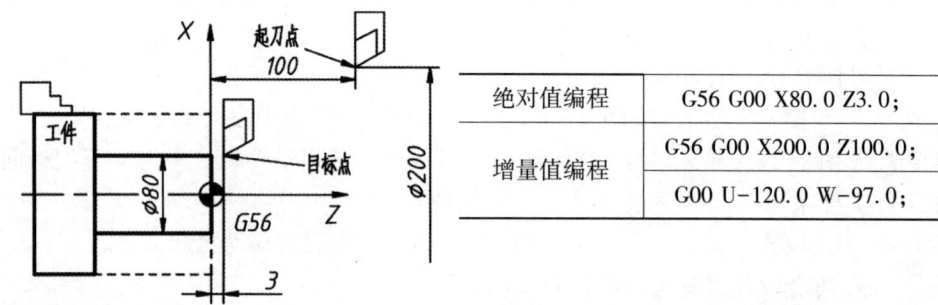

图 3-8　工件坐标系的选择

4. 测量工具

本项目主要测量工具为外径千分尺（也称螺旋测微器、分厘卡，常简称为千分尺）。千分尺测量圆柱的实用技巧如下。

①确定测量位置：需要确保测量位置与圆柱的几何中心重合，这样能够有效保证测量的准确性。

②测量前准备：使用千分尺进行测量前，需要先进行零位调整，使微分筒零刻度线与主尺基线对齐。

③读取刻度值：千分尺的精度为 0.01 mm，需要仔细读取每个刻度。

④多次测量：为了保证测量的准确性，需要进行多次测量，可以取多个点进行测量，并计算平均值。

3.1.3　方案设计

1. 小组分工

教师引导学生进行小组分工，组长根据实际情况填写表 3-3。

表 3-3　小组分工

小组信息	班级名称			日　　期	
	小组名称			组长姓名	
	岗位分工				
	成员姓名				

2. 讨论工作计划

小组成员共同讨论工作计划,分析并列出本次任务中的操作重点。

(1) 零件结构分析

①零件的外轮廓由圆柱面和圆锥面组成。

②本道工序内容为完成零件右端的外轮廓加工。

(2) 数控车削加工工艺分析

①装夹方案与夹具。使用三爪自定心卡盘装夹 $\phi 40$ mm 棒料的外表面。

②加工方法。一次装夹完成右端全部加工内容。

③刀具选择。采用 93°外圆车刀,刀具号为 1 号,刀补号选 1、2、3 号。

④切削用量。如表 3-4 所示。

(3) 确定编程原点与编程思路

①设置编程坐标系原点。选取工件右端面中心为编程坐标系原点。

②编程思路。根据已学编程知识,右端面使用 G94 指令进行加工;回转面使用 G90 指令进行加工。具体可采用以下两种方法。

加工方法 1:在 45 mm 长度范围内,把 $\phi 40$ mm 棒料先分刀加工到 $\phi 26$ mm,切削指令使用 G90 指令;此后,圆锥部分分刀切削直至达到精度要求(后续步骤以此方法开展)。

加工方法 2:通过机床磨耗表中预留 0.4 mm 的余量,使分刀、分锥工件保留一定的精加工余量。随后采用图 3-9 所示的 $Q \rightarrow A \rightarrow B \rightarrow C \rightarrow D \rightarrow E \rightarrow F \rightarrow G$ 精加工路线程序,控制磨耗值进行两次加工,直至达到精度要求。因有圆锥存在,可考虑使用刀尖圆弧半径补偿相关指令 G42、G40。

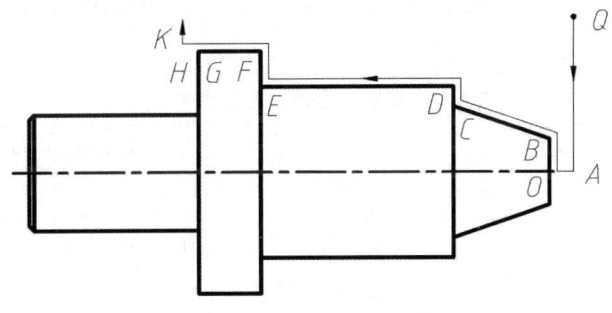

图 3-9 锥轴的精加工路线

(4) 确定加工进给路线

①设计循环起点:Q (42, 3)。

②设计进给路线:以 Q 点为起刀点,分端面、圆柱、圆锥三条路线编程加工,分别采用 G94、G90 指令。端面加工进给路线参考图 3-5 (a),圆柱、圆锥进给路线参考图 3-3。圆锥采用终点相同的方式分刀。

(5) 填写数控加工工序卡

填写表 3-4 所示的数控加工工序卡。

表 3-4 锥轴的数控加工工序卡

工序号		工序内容				
零件名称		零件图号	材料	夹具名称		使用设备
阶梯轴		图 3-1	2A16	三爪自定心卡盘		数控车床
工步号	工步内容	刀具号	主轴转速 n/（r/min）	进给速度 f/（mm/min）	背吃刀量 a_p/mm	备注
1	右端面	T0101	1200	0.15	2	93°外圆车刀
2	粗车、精车右外廓 $\phi 39$ mm	T0101	1200	0.15	0.3、0.2	93°外圆车刀
3	粗车、精车右外廓 $\phi 26$ mm	T0102	1200	0.15	1、0.2	93°外圆车刀
4	粗车、精车右外廓锥体	T0103	1200	0.15	1、0.2	93°外圆车刀
编制		审核		批准	第 页	共 页

3.1.4 任务实施

1. 编写加工程序

依据方案设计中选取的编程原点及各基点的坐标值，编制锥轴零件右端的加工程序。参考程序如表 3-5 所示。

表 3-5 锥轴（右端）加工参考程序

加工程序（右端）	程序注释
O3003;	程序号
G99 M03 S800 T0101;	主轴正转，转速为 800 r/min，选择 1 号刀并调用 1 号刀补
G00 X42.0 Z3.0;	车刀快速到达循环起点 Q（42，3）
G94 X-1.0 Z0 F0.15;	使用 G94 指令车削右端面
G90 X39.4 Z-60.0;	使用 G90 指令车削外圆柱面
M05;	主轴停止
M00;	程序暂停，测量修调磨耗值
M03 S800 T0101;	
X39.0;	完成 $\phi 39$ mm 圆柱的加工，刀具返回 Q（42，3）
T0102;	主轴正转，转速为 800 r/min，选择 1 号刀并调用 2 号刀补
G90 X36.0 Z-45.0 F0.15;	使用 G90 指令车削 $\phi 26$ mm 圆柱第一刀
X32.0;	继续车削第二刀

(续表)

加工程序（右端）	程序注释
X28.0;	继续车削第三刀
X26.4;	继续车削第四刀
M05;	主轴停止
M00;	程序暂停，测量修调磨耗值
M03 S800 T0102;	
X26.0;	完成 $\phi26$ mm 圆柱加工，刀具返回 Q (42, 3)
T0103;	主轴正转，转速为 800 r/min，选择 1 号刀并调用 3 号刀补
G42 G00 X42.0 Z3.0;	车刀快速到达起点 Q (42, 3)，建立刀尖圆弧半径补偿
G90 X20.0 Z-15.0 R-1.7 F0.15;	使用 G90 指令车削圆锥，采用终点相同的分刀方式，第一刀背吃刀量为 1.5 mm
R-3.4;	第二刀，背吃刀量为 1.5 mm
R-5.1;	第三刀，背吃刀量为 1.5 mm
R-5.67;	第四刀，背吃刀量为 0.5 mm
M05;	主轴停止
M00;	程序暂停，测量修调磨耗
M03 S800 T0103;	
G90 X20.0 Z-15.0 R-6 F0.15;	完成锥轴加工，刀具返回 Q (42, 3)
G00 G40 X100.0 Z100.0;	快速退刀，取消刀尖圆弧半径补偿
M05;	主轴停止
M30;	程序结束，光标返回程序头

2. 零件的加工

（1）开机回参考点，进行机床检查。

（2）装夹工件。将工件置于三爪自定心卡盘中，找正后夹紧。

（3）装夹车刀。将 93°外圆车刀置于刀架的 1 号位，调整好刀具高度、伸出长度，确保刀杆与刀槽内壁平行，然后夹紧车刀。

（4）对刀。对 93°外圆车刀进行对刀操作，根据编程原点设置的位置，输入相应的测量值，将 X 轴方向的磨耗值设为 0。

（5）输入程序并进行调试。将 O3003 加工程序输入机床，在自动运行模式下，开启"空运行"和"机床锁住"功能，利用图形模拟加工检查走刀轨迹。注意：校验结束后，需再次回参考点。

（6）在自动运行模式下运行加工程序，完成工件的一次加工。

①检查机床的快速倍率和进给倍率是否设置在较低挡位，检查主轴倍率等开关是否处于合适位置，确认无误后运行加工程序。

②当刀具靠近工件时,注意观察显示屏上所显示的绝对坐标和剩余位置坐标是否无误,如果确认无误,将进给倍率调至正常挡位。

③在加工过程中,操作者应将手置于暂停(或急停、复位)按钮处,以便在出现撞刀等意外情况时,能及时采取紧急措施。同时,操作者要时刻观察机床的加工情况。

(7)根据程序依次完成 $\phi39$ mm 圆柱、$\phi26$ mm 圆柱及锥体部分的加工。在加工过程中,适时测量相关部位,并视测量结果对磨耗值进行修正,直至全部加工完成。

(8)加工完成后,将工件从卡盘上卸下,并使用专用清理工具对机床进行清理。

3.1.5 检查评估

锥轴编程与加工(右端)评分标准如表 3-6 所示。

表 3-6 锥轴编程与加工(右端)的评分标准

姓名			零件名称		锥轴	时间		总得分	
项目	序号	技术要求		配分	评分标准		检测记录		得分
工艺与程序 (30分)	1	工艺合理		6	不合理每处扣1分				
	2	程序格式规范		6	不规范每处扣1分				
	3	程序参数选择合理		6	不合理每处扣1分				
	4	指令选用正确		6	不正确每处扣2分				
	5	程序正确、完整		6	不正确每处扣2分				
机床操作 (15分)	6	零件装夹合理		3	不合理每处扣3分				
	7	刀具选择及安装正确		3	不正确每处扣1.5分				
	8	对刀及数据填写正确		3	不正确每处扣1分				
	9	机床面板操作正确		3	不正确每处扣0.5分				
	10	意外情况处理正确		3	不正确每处扣1分				
工件尺寸 (50分)	11	$\phi10$ mm		6	每超差0.01 mm扣2分				
	12	$\phi20$ mm		6	每超差0.01 mm扣2分				
	13	$\phi26$ mm		6	每超差0.01 mm扣2分				
	14	$\phi39$ mm		6	每超差0.01 mm扣2分				
	15	15 mm		6	每超差0.01 mm扣2分				
	16	45 mm		6	每超差0.01 mm扣2分				
	17	去毛刺		4	每处未去扣2分				
	18	表面粗糙度		10	每处降低一级扣2分				
文明生产 (5分)	19	安全操作		2.5	违反操作规程全扣				
	20	机床整理		2.5	不合格全扣				

3.1.6 项目实训

编制图 3-1 所示轴的右端的加工程序并完成加工。材料为 ϕ40 mm 2A16。

要求：采用本任务中"加工思路"中的"加工方法 2"编制程序并进行加工操作。

1. 思考

（1）该零件的结构特征是什么？使用 G90 指令是否便于同时加工倒角与 ϕ18 mm 圆柱？

（2）对于此棒料的毛坯，能否通过一次装夹就加工到图样尺寸？

（3）如何控制该工件总长度？

（4）加工该零件左端的编程坐标系应如何建立？

（5）如何确定各基点坐标？

（6）如果加工该零件时要使用刀尖圆弧半径补偿指令，在哪个位置引入较好？

（7）如何选择切削用量？

（8）为什么在加工本零件右端的 ϕ39 mm 圆柱时，Z 轴方向走刀会到达 -60 的位置？

2. 计划与决策

选择刀具、量具、夹具类型，确定工件定位与夹紧方案，确定工件坐标系与编程原点、编程思路、加工进给路线方案、切削用量、相关 G 指令的应用，计算基点，确定尺寸检测步骤，确定机床的保养工作步骤与小组成员分工。

3. 实施

（1）在表 3-7 中编写程序，并对程序段做注释。

表 3-7 编写程序并做注释

程序	注释

（续表）

程序	注释

（2）操作与加工如表 3-8 所示。

表 3-8 操作与加工

开机前的检查，开机	
工件装夹	
刀具安装	
对刀操作	
录入程序并调试	
零件加工	
测量并控制尺寸	
机床、工具、量具保养与现场清扫	

4. 检查

按表 3-9 的项目与评分标准对项目实训进行检查与考核。

表 3-9　锥轴的评分标准

姓名			零件名称		锥轴	时间		总得分	
项目	序号	技术要求		配分		评分标准		检测记录	得分
工艺与程序（30分）	1	工艺合理		6		不合理每处扣1分			
	2	程序格式规范		6		不规范每处扣1分			
	3	程序参数选择合理		6		不合理每处扣1分			
	4	指令选用正确		6		不正确每处扣2分			
	5	程序正确、完整		6		不正确每处扣2分			
机床操作（15分）	6	零件装夹合理		3		不合理每处扣3分			
	7	刀具选择及安装正确		3		不正确每处扣1.5分			
	8	对刀及数据填写正确		3		不正确每处扣1分			
	9	机床面板操作正确		3		不正确每处扣0.5分			
	10	意外情况处理正确		3		不正确每处扣1分			
工件尺寸（50分）	11	$\phi 10$ mm		6		每超差0.01 mm扣2分			
	12	$\phi 20$ mm		6		每超差0.01 mm扣2分			
	13	$\phi 26$ mm		6		每超差0.01 mm扣2分			
	14	$\phi 39$ mm		6		每超差0.01 mm扣2分			
	15	15 mm		6		每超差0.01 mm扣2分			
	16	45 mm		6		每超差0.01 mm扣2分			
	17	去毛刺		4		每处未去扣2分			
	18	表面粗糙度		10		每处降低一级扣2分			
文明生产（5分）	19	安全操作		2.5		违反操作规程全扣			
	20	机床整理		2.5		不合格全扣			

5．小结与评价

按表 3-10 规定的评价项目对项目实训完成情况进行评价。小组成员各自完成"自我评价"，组长完成"小组评价"，教师完成"教师评价"。上交文件材料及产品，做好实训室 5S 管理。

表 3-10　任务评价表

姓名		班级		学号		日期	
序号	检查项目		自我评价		小组评价	教师评价	备注
1	遵守安全操作规范						
2	态度端正，工作认真						
3	能提前进行学习，并积极参加讨论						

(续表)

序号	检查项目	自我评价	小组评价	教师评价	备注
4	能熟练、多渠道地查找参考资料				
5	能正确说出操作重点				
6	工作步骤执行、操作规范熟练				
7	能在规定时间内完成任务，并按要求上交（或打印）任务结果				
8	遵守纪律，积极协作				
9	做好设备保养工作				
10	做好5S管理工作				
	合计				
	总分				

注：①采用 10-9-7-5-3-0 分制给分。
②总分 = "自我评价" 分数×20% + "小组评价" 分数×30% + "教师评价" 分数×50%。

思考与练习

1. 判断题

（1）加工圆锥面的指令 "G90 X（U）___Z（W）___R___F___;" 中，R 后的值为圆弧半径。（　　）

（2）加工圆锥面的指令 "G90 X（U）___Z（W）___R___F___;" 中，R 后的值无正负号。（　　）

（3）加工圆锥面的指令 "G90 X（U）___Z（W）___R___F___;" 中，R 后的值为切削起点与圆锥面切削终点的半径差。（　　）

（4）G90 指令是模态指令。（　　）

（5）加工圆锥端面的指令 "G94 X（U）___Z（W）___R___F___;" 中，R 后的值为切削起点与切削终点的半径差。（　　）

（6）G90、G94 指令均是循环指令。（　　）

（7）加工圆锥端面的指令 "G94 X（U）___Z（W）___R___F___;" 中，X、Z 后的值是切削终点在工件坐标系中的绝对坐标值。（　　）

（8）G50 设定工件坐标系格式是 "G50 G00 X___Z___;"。（　　）

（9）G50 设定工件坐标系一般放在程序开头。（　　）

（10）"G50 X___Z___;" 中 X、Z 后的值一定是绝对坐标值。（　　）

（11）G50 可以设定主轴最高转速。（　　）

（12）G54 是工件坐标系编程指令，是模态指令。（　　）

（13）选择 G54 建立工件坐标系，再次开机后工件坐标系原点继续有效。（　　）

（14）G50 设定的工件坐标系与刀具当前位置有关，而 G54 设定的工件坐标系与刀具当前位置无关。（   ）

（15）G53 是机床坐标系编程指令，是非模态指令。（   ）

2. 选择题

（1）对于工件上毛坯余量较大的部位，可以用（   ）指令加工。
A. G50   B. G90 或 G94   C. G54   D. G00

（2）下列程序格式中，R 后的值不带正负号的是（   ）。
A. G90 X（U）____ Z（W）____ R____ F____；
B. G94 X（U）____ Z（W）____ R____ F____；
C. G02 X（U）____ Z（W）____ R____ F____；
D. G01 X（U）____ Z（W）____ R____ F____；

（3）"G50 X100.0 Z200.0；"表示（   ）。
A. 机床回参考点   B. 原点检查   C. 刀具定位   D. 工件坐标系设定

3. 简答题

（1）试说明在数控车床中，用 G50、G54、G53 指令建立的工件坐标系有什么不同。与刀具偏置对刀如"T0101"建立的工件坐标系相比，你更喜欢哪种？

（2）用 G90 或 G94 指令加工圆锥面时，为避免碰刀，如何计算 R 后的值？

（3）试比较一下 G90 与 G01、G00 指令的运动关系。

4. 编程题

完成图 3-10 所示各零件的编程并完成加工过程，棒料为材料 2A16。

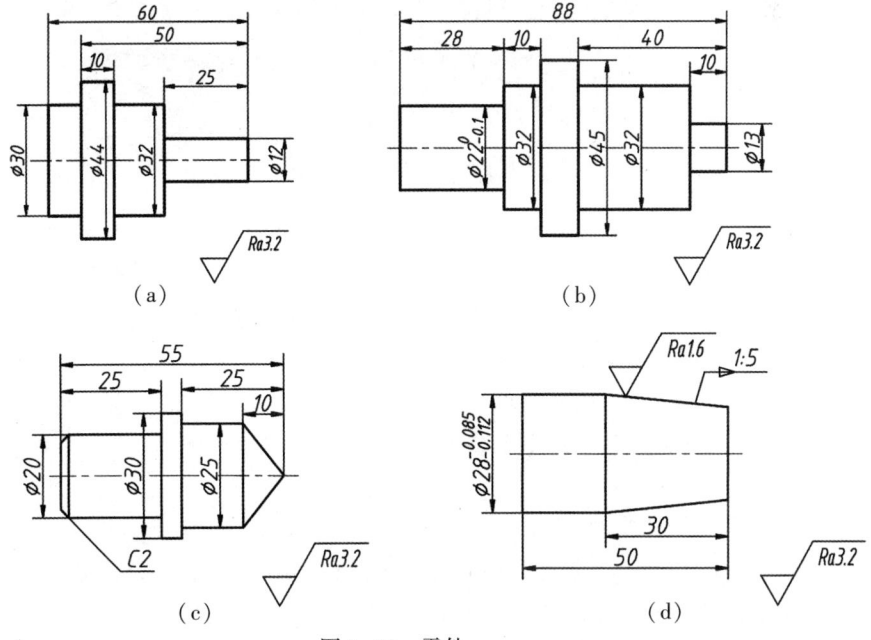

图 3-10 零件

任务 3.2 使用 G71/G72/G73/G70 复合循环指令的成形面轴加工

知识目标
(1) 掌握 G71、G72、G73 复合循环指令格式。
(2) 掌握 G71、G72、G73 指令的联系与区别。
(3) 掌握 G70 指令格式。

能力目标
(1) 能正确理解 G71、G72、G73 指令的运动轨迹。
(2) 能使用 G71、G72、G73、G70 编制加工程序。
(3) 能在数控车床上完成程序的录入与加工。
(4) 能正确设计循环起点。
(5) 能正确测量工件。

素养目标
(1) 树立正确的学习观,培养求真务实、潜心钻研的职业品质。
(2) 塑造严谨细致、恪尽职守、追求卓越的匠心品质。
(3) 遵规守纪,爱护设备,钻研技术,安全生产。

励志故事

大国工匠——胡胜

胡胜是中国电子科技集团有限公司第十四研究所的班组长,被誉为"工人院士"。他精通数控技术与切削刀具,在机载火控、机载预警、舰载火控以及星载等一系列具有国际先进水平的重点科研项目中,承担了 70 多项关键零部件的加工任务。他凭借卓越的技能,成功攻克了毫米波雷达波纹管一次车削成形、机载火控雷达反射面加工变形等技术难题。因此,他荣获了全国数控技能大赛职工组数控车第一名、全国五一劳动奖章、国务院政府特殊津贴以及中华技能大奖等众多荣誉。

3.2.1 任务描述

要求编制图 3-11 所示的成形面轴零件的数控加工程序并完成加工。已知毛坯为 $\phi30$ mm×110 mm 的棒料,毛坯材料为 2A16。

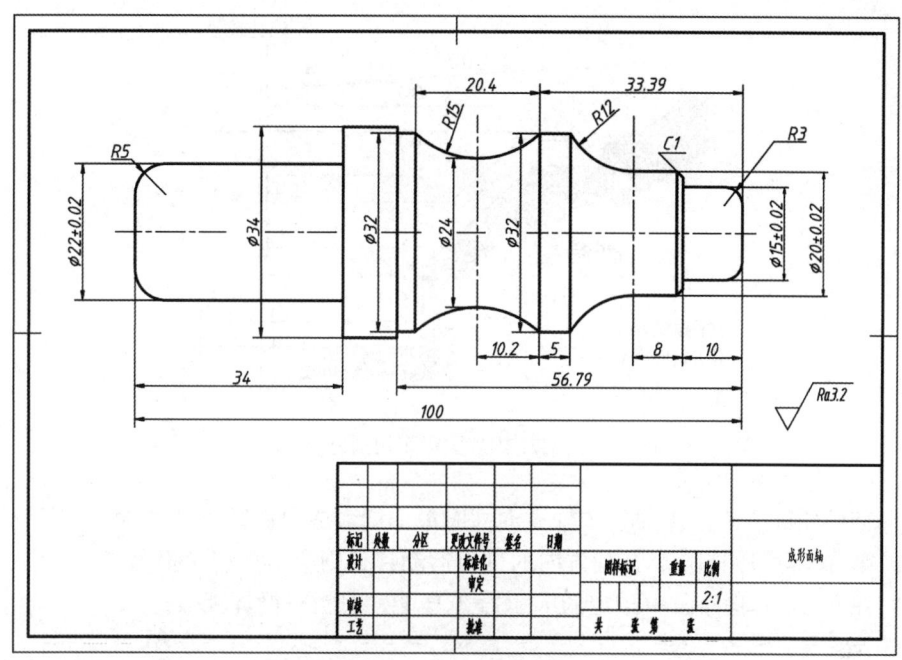

图 3-11 成形面轴

3.2.2 知识准备

1. 内外圆粗车切削复合循环指令 G71

格式：G71 U (Δd) R (e)；
　　　G71 P (ns) Q (nf) U (Δu) W (Δw) F＿＿ S＿＿ T＿＿；
　　　N (ns) G00/G01 ……；ns～nf 紧跟在 G71 指令之后，ns 仅限于 X 轴方向运动
　　　……
　　　N (nf) ……；

其中：

(1) Δd 为粗车背吃刀量（这里是沿 X 轴方向的背吃刀量，半径值），无正负之分，模态值。

(2) e 为退刀量（半径值），模态值。

(3) ns 为精车轮廓程序段中开始程序段的段号。

(4) nf 为精车轮廓程序段中结束程序段的段号。

(5) Δu 为 X 轴方向的精车余量（直径值）。外圆加工时，该值为正值；加工内孔时，该值为负值。

(6) Δw 为 Z 轴方向的精车余量。

注意：

(1) G71 为内外圆粗车切削复合循环指令，从机床操作的角度来考虑，其更适合加工轴向尺寸大于径向尺寸的毛坯工件，如图 3-12 所示。在编程时，通常使 X 轴方向的精车余量大于 Z 轴方向的精车余量。

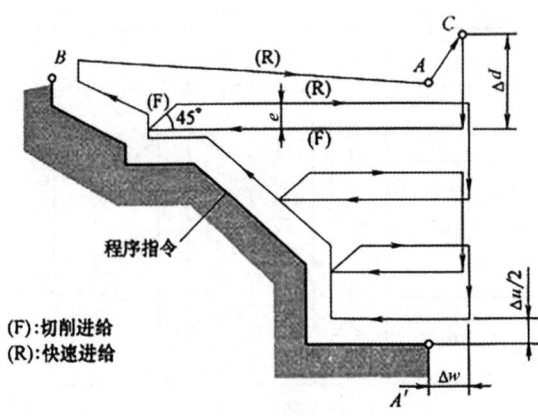

图 3-12　G71 内外圆粗车切削复合循环

(2) 零件轮廓应满足 X 轴、Z 轴方向同时单调增大或单调减小的条件。

(3) 第 ns 程序段仅限于 X 轴方向的进刀运动，否则会出现程序报警。

(4) 在 ns 到 nf 程序段中指定的 F、S、T 功能，对粗车循环无效。

视频：G71 内外圆粗车切削复合循环轨迹

2. 端面粗车切削复合循环指令 G72

格式：G72 W (Δd) R (e);

　　　G72 P (ns) Q (nf) U (Δu) W (Δw) F＿＿ S＿＿ T＿＿;

　　　N (ns) G00/G01 ……；ns～nf 紧跟在 G72 指令之后，ns 仅限于 Z 轴方向运动

　　　……

　　　N (nf) ……;

其中：

(1) Δd 为粗车背吃刀量（这里是沿 Z 轴方向的背吃刀量），无正负之分，模态值。

(2) e 为退刀量，模态值。

(3) ns 为精车轮廓程序段中开始程序段的段号。

(4) nf 为精车轮廓程序段中结束程序段的段号。

(5) Δu 为 X 轴方向的精车余量（直径值）。外圆加工时，该值为正值；加工内孔时，该值为负值。

(6) Δw 为 Z 轴方向的精车余量。

注意：

（1）G72 为端面粗车切削复合循环指令，更适合于加工径向尺寸大于轴向尺寸的毛坯工件，如图 3-13 所示。在编程时，通常使 Z 轴方向的精车余量大于 X 轴方向的精车余量。

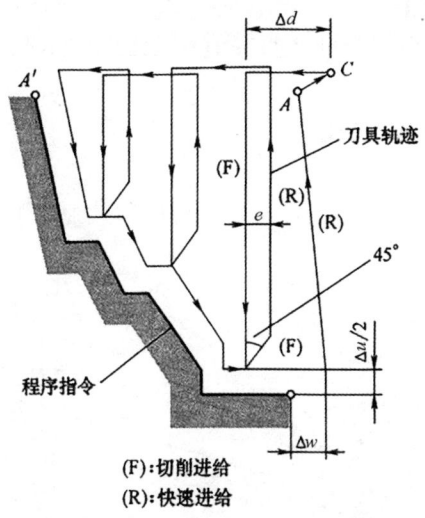

图 3-13 G72 端面粗车切削复合循环

（2）零件轮廓应满足 X 轴、Z 轴方向同时单调增大或单调减小的条件。
（3）第 ns 程序段仅限于 Z 轴方向的进刀运动，否则会出现程序报警。
（4）在 ns 到 nf 程序段中指定的 F、S、T 功能，对粗车循环无效。

视频：G72 端面粗车切削复合循环轨迹

3. 轮廓粗车切削复合循环指令 G73

格式：G73 U (*i*) W (*k*) R (*d*)；
   G73 P (ns) Q (nf) U (Δ*u*) W (Δ*w*) F＿＿ S＿＿ T＿＿；
   N (ns) G00/G01 ……； ns～nf 紧跟在 G73 指令之后，ns 适用于 X、Z 轴方向
               运动
   ……
   N (nf) ……；

其中：

（1）*i* 为 X 轴方向的总退刀量，模态值，其表示粗车时在 X 轴方向需要切除的总余量（半径值）。
（2）*k* 为 Z 轴方向的总退刀量，模态值，其表示粗车时在 Z 轴方向需要切除的总

余量。

（3）d 为粗车循环次数。

（4）ns 为精车轮廓程序段中开始程序段的段号。

（5）nf 为精车轮廓程序段中结束程序段的段号。

（6）Δu 为 X 轴方向的精车余量（直径值）。加工外圆时，该值为正值；加工内孔时，该值为负值。

（7）Δw 为 Z 轴方向的精车余量。

注意：

（1）G73 为轮廓粗车切削复合循环指令，可以高效地切削已铸造成形、锻造成形或粗车成形的工件，如图 3-14 所示。

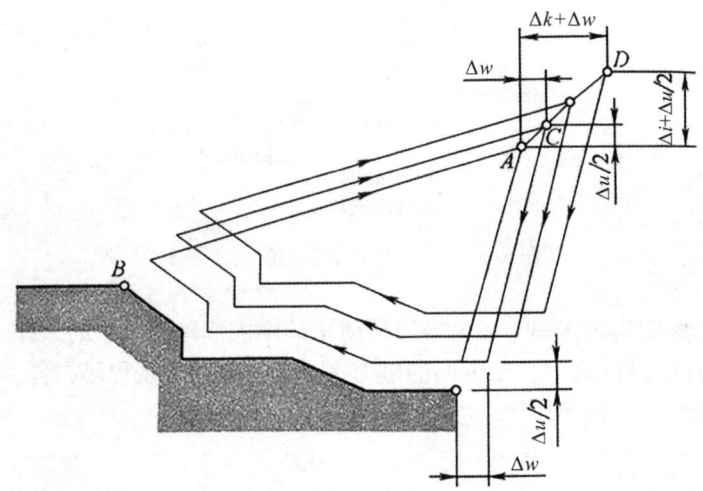

图 3-14　G73 轮廓粗车切削复合循环

（2）第 ns 程序段可以沿 X 轴、Z 轴方向任意进刀。

（3）在 ns 到 nf 程序段中指定的 F、S、T 功能，对粗车循环无效。

视频：**G73 轮廓粗车切削复合循环轨迹**

4. 精车切削复合循环指令 G70

格式：G70 P（ns）Q（nf）；

说明：

（1）ns 为精车轮廓程序段中开始程序段的段号。

（2）nf 为精车轮廓程序段中结束程序段的段号。

注意：

（1）G70 指令不能单独使用，必须用于 G71、G72、G73 指令之后。

（2）G70 指令执行过程中的 F、S 功能由第 ns 至 nf 程序段中给出的 F、S 后的值确定。

视频：G70 精车切削复合循环轨迹

下面以图 3-15 所示的锥轴零件右端为例，分别用 G71、G72、G73、G70 指令进行编程对比，毛坯为棒料。

在编程时，均选取工件右端面的中心为编程原点。使用 G71、G73、G72 指令的精加工路线分别如图 3-16（a）、图 3-16（b）、图 3-16（c）所示。数控车削加工程序如表 3-11 所示。

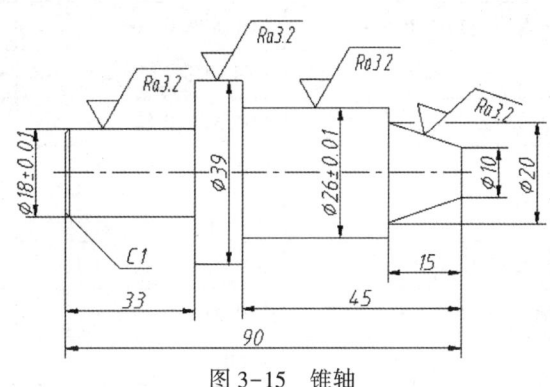

图 3-15 锥轴

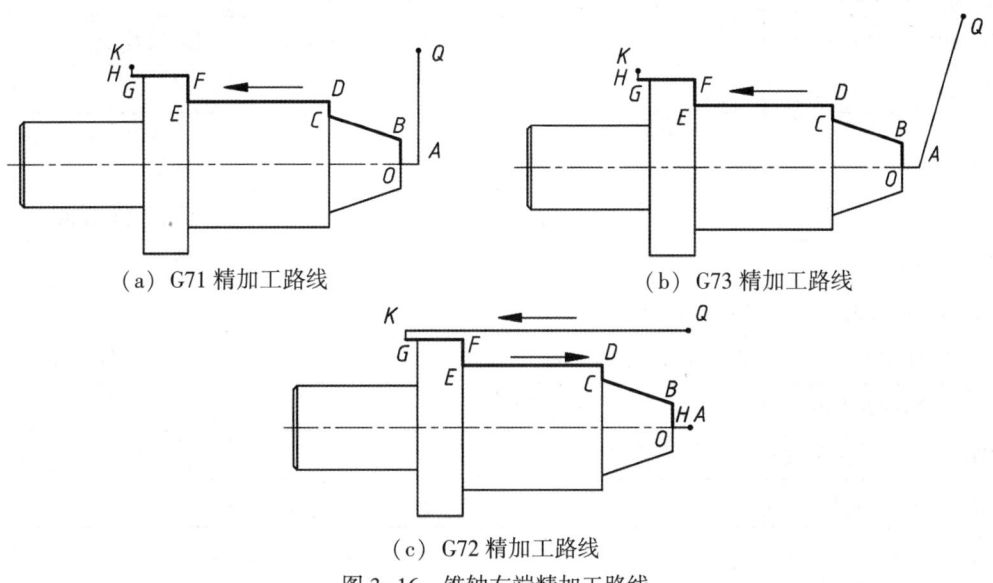

(a) G71 精加工路线　　(b) G73 精加工路线

(c) G72 精加工路线

图 3-16 锥轴右端精加工路线

表 3-11 采用 G71、G72、G73、G70 指令编制的程序

采用 G71 指令编程	采用 G73 指令编程	采用 G72 指令编程	程序注释
O3004;	O3005;	O3006;	程序号
G99 T0101;			选择 1 号刀并调用 1 号刀补
M03 S800;			主轴正转，转速为 800 r/min，
G00 X100.0 Z200.0;			快速移动到换刀点
X42.0 Z3.0;	X56.0 Z20.0;	X42.0 Z3.0;	快速移动到循环起点
G71 U2 R0.5;	G73 U20 W0.2 R0.5;	G72 W2 R0.5;	使用 G71/G73/G72 指令的粗车循环
G71 P10 Q20 U0.4 W0.1 F0.2;	G73 P10 Q20 U0.4 W0.1 F0.2;	G72 P10 Q20 U0.4 W0.1 F0.2;	精车程序段从 N10~N20
N10 G00 X0;	N10 G00 X0 Z3.0;	N10 G41 G00 Z−60.0;	精车程序起始段
G42 G01 Z0 F0.1;	以下空白处同左 G71	G01 X39.0 F0.1;	
G01 X10.0 R0.1;		Z−45.0;	
G01 X20.0 Z−15.0;		G01 X26.0 F0.1;	
G01 X26.0 R0.1;		G01 Z−15.0 R0.1;	
G01 Z−45.0;		X20.0;	
X39.0;		G01 X10.0 Z0 R0.1;	
Z−70.0;		G01 X0;	
X41.0;		Z1.0;	
N20 G40 G01 X43.0;		N20 G40 G01 Z3.0;	精车程序结束段
G00 X100.0 Z200.0;		以下空白处同左 G71	退至换刀点
M05;			
M00;			程序暂停，测量并设置磨耗值
T0101;			换入新的磨耗值
M03 S1200;			
G00 X42.0 Z3.0;	G00 X56.0 Z20.0;		
G70 P10 Q20;	以下空白处同左 G71		使用 G70 指令的精加工
G00 X100.0 Z200.0;			
M05;			
M30;			

5. 成形面的检验

成形面的检验通常使用样板来进行，如图 3-17 所示。在检验时，样板的方向必须与工件轴线一致。要判断成形面是否符合图样要求，可以观察样板与工件之间是否透光或使用塞尺来测量缝隙的大小。表面粗糙度可用目测或比较法来判定。在车削和检验圆球时，可用外径千分尺从多个方向测量圆球的直径，以此来评估其圆度误差。

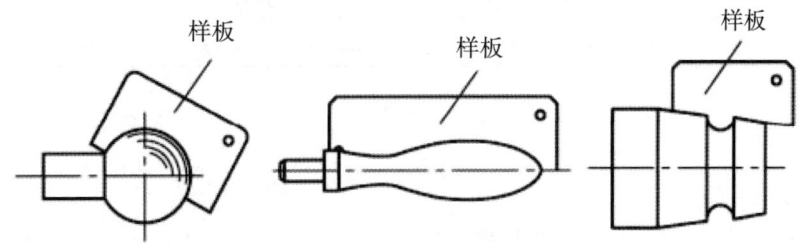

图 3-17 用样板检验成形面

3.2.3 方案设计

1. 小组分工

教师引导学生进行小组分工，组长根据实际情况填写表 3-12。

表 3-12 小组分工

小组信息	班级名称			日　　期	
	小组名称			组长姓名	
	岗位分工				
	成员姓名				

2. 讨论工作计划

因本任务所需加工的零件图与"任务 1.2 使用 G02/G03 指令的成形面轴的精车编程"中的零件图一致，故此处不再重复分析零件结构、数控车削加工工艺，以及加工进给路线等内容，以下主要阐述编程思路。

①轮廓编程采用 G00、G01、G02、G03 指令，粗加工采用 G73 指令。

②因有圆弧面、倒角、倒圆的存在，考虑用最高转速限制指令 G50、恒线速度控制指令 G96，以及刀尖圆弧半径补偿指令 G42、G40。

③为便于换刀、停车测量等因素，把点（100，200）作为换刀点。填写表 3-13 所示的数控加工工序卡。

表 3-13 阶梯轴的数控加工工序卡

工序号		工序内容			
零件名称		零件图号	材料	夹具名称	使用设备
成形面轴		图 3-15	2A16	三爪自定心卡盘	数控车床

(续表)

工步号	工步内容	刀具号	主轴转速 $n/$ (r/min)	进给速度 $f/$ (mm/min)	背吃刀量 a_p/mm	备注
1	粗车右外廓	T0101	800	0.2	2	
2	精车右外廓	T0101	1800	0.1	0.5	
编制		审核		批准	第 页	共 页

3.2.4 任务实施

1. 编写加工程序

依据方案设计中选取的编程原点及各基点的坐标值，编制成形面轴（右端）的精加工程序。参考程序如表3-14所示。

表3-14 成形面轴（右端）的精加工程序

程序	注释
O3007;	程序号
T0101;	选择1号刀并调用1号刀补
G50 S1800;	最高转速限制为1800 r/min
G96 S160 M03;	主轴正转，恒线速度为160 m/min
G00 X50.0 Z20.0;	快速移动到循环起点 Q（50，20）
G73 U16 W0.2 R0.5;	
G73 P10 Q20 U0.4 W0.1 F0.2;	
N10 G00 X0 Z2.0;	切削至 M（0，2），精加工路线同表1-11
G42 G01 Z0 F0.1;	切削至 O（0，0），建立刀补
G01 X15.0 Z-3.0 R3 F0.1;	切削至 B（15，-3）
Z-10.0;	切削至 C（15，-10）
G01 X20.0 Z-11.0 C1;	直线后倒角，切削至 E（20，-11）
Z-18.0;	切削至 F（20，-18）
G02 X32.0 Z-28.39 R12;	切削至 G（32，-28.39）
G01 Z-33.39;	切削至 H（32，-33.39）
G02 X32.0 Z-53.79 R15;	切削至 I（32，-53.79）
G01 Z-56.79;	切削至 J（32，-56.79）
X36.0;	切削至 K（36，-56.79）
N20 G40 G00 X38.0;	切削至 L（38，-56.79），取消刀补
G00 X100.0 Z200.0;	退刀到换刀点（100，200）

(续表)

程序	注释
M05;	
M00;	程序暂停，测量并填写新的磨耗值
T0101;	换入新的磨耗值
M03 S1200;	
G00 X50.0 Z20.0;	
G70 P10 Q20;	使用 G70 指令的精加工
G00 X100.0 Z200.0;	
M05;	主轴停止
M30;	程序结束，光标返回程序头

2. **零件的加工**

（1）开机回参考点，进行机床检查。

（2）装夹工件。将工件置于三爪自定心卡盘中，找正后夹紧。

（3）装夹车刀。将93°外圆车刀置于刀架的1号位，调整好刀具高度、伸出长度，确保刀杆与刀槽内壁平行，然后夹紧车刀。

（4）对刀。对93°外圆车刀进行对刀操作，根据编程原点设置的位置，输入相应的测量值，将 X 轴方向的磨耗值设为0.5。

（5）输入程序并进行调试。将 O3007 加工程序输入机床，在自动运行模式下，开启"空运行"和"机床锁住"功能，利用图形模拟加工检查走刀轨迹。注意：校验结束后，需再次回参考点。

（6）在自动运行模式下运行加工程序，完成工件的一次加工。

①检查机床的快速倍率和进给倍率是否设置在较低挡位，检查主轴倍率等开关是否处于合适位置，无误后运行加工程序。

②当刀具靠近工件时，注意观察显示屏上所显示的绝对坐标和剩余位置坐标是否无误，如果确认无误，将进给倍率调至正常挡位。

③在加工过程中，操作者应将手置于暂停（或急停、复位）按钮处，以便在出现撞刀等意外情况时能采取紧急措施。同时，操作者要时刻观察机床的加工情况。

（7）测量工件，视测量结果对磨耗值进行修正。

（8）执行二次精加工。在编辑模式下，将光标定位于精加工前的程序段 M00 处，切换至自动方式，按下"循环启动"按钮，执行二次精加工。

（9）加工完成后，将工件从卡盘上卸下，并使用专用清理工具对机床进行清理。

3.2.5 检查评估

成形面轴粗、精加工评分标准如表3-15所示。

表 3-15 成形面轴粗、精加工的评分标准

姓名			零件名称	成形面轴	时间		总得分	
项目	序号	技术要求		配分	评分标准		检测记录	得分
工艺与程序（30分）	1	工艺合理		6	不合理每处扣1分			
	2	程序格式规范		6	不规范每处扣1分			
	3	程序参数选择合理		6	不合理每处扣1分			
	4	指令选用正确		6	不正确每处扣2分			
	5	程序正确、完整		6	不正确每处扣2分			
机床操作（15分）	6	零件装夹合理		3	不合理每处扣3分			
	7	刀具选择及安装正确		3	不正确每处扣1.5分			
	8	对刀及坐标系设定正确		3	不正确每处扣1分			
	9	机床面板操作正确		3	不正确每处扣0.5分			
	10	意外情况处理正确		3	不正确每处扣1分			
工件尺寸（50分）	11	$\phi15$ mm		5	每超差0.01 mm扣1分			
	12	$\phi20$ mm		5	每超差0.01 mm扣1分			
	13	$\phi24$ mm		3	每超差0.01 mm扣1分			
	14	$\phi32$ mm		5	每超差0.01 mm扣1分			
	15	C1		2	不合理全扣			
	16	$R3$ μm		2	不合理全扣			
	17	$R12$ μm		5	不合理全扣			
	18	$R15$ μm		5	不合理全扣			
	19	8 mm		2	每超差0.01 mm扣2分			
	20	10 mm		5	每超差0.01 mm扣2分			
	21	去毛刺		3	每处未去扣1分			
	22	表面粗糙度		8	每处降低一级扣2分			
文明生产（5分）	23	安全操作		2.5	违反操作规程全扣			
	24	机床整理		2.5	不合格全扣			

3.2.6 项目实训

编制图 3-18 所示手柄的加工程序并完成加工。材料为 $\phi22$ mm 2A16。

要求：粗加工采用 G71、G73 指令。

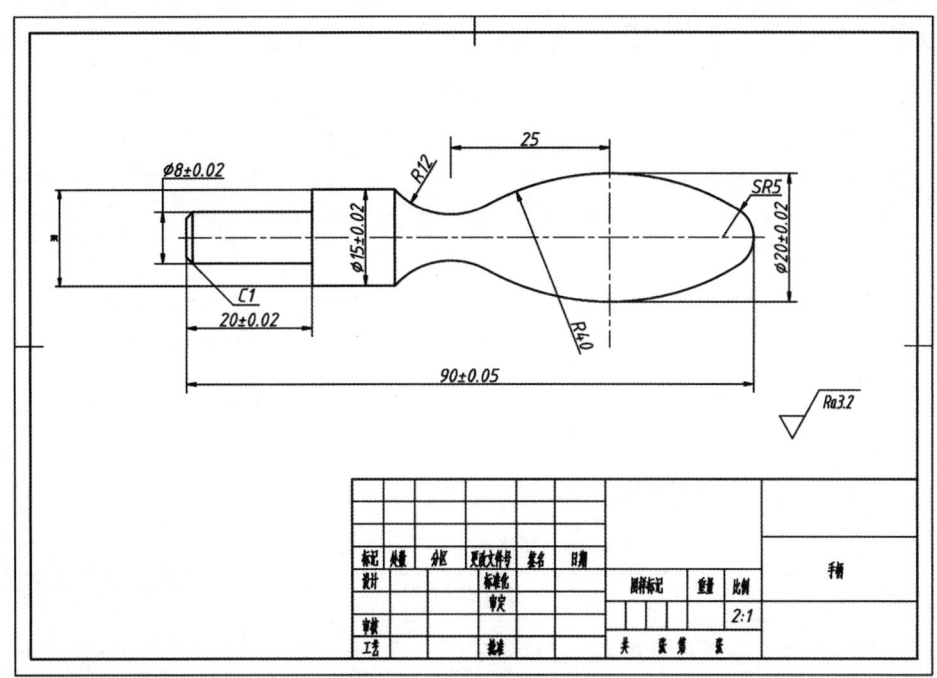

图 3-18 手柄

1. 思考

(1) 该零件的结构特征是什么？如何保证其加工后的表面质量？

(2) 结合工件两端的结构特征，应该怎么选择加工顺序？φ15 mm±0.02 mm 圆柱如何安排加工？

(3) 如何保证该工件的总长？

(4) 如何保证工件的球头去除凸尖？

(5) 加工该零件左端的编程坐标系应如何建立？

(6) 如何求取各基点坐标？

(7) 如何运用刀尖圆弧半径补偿指令？

(8) 如何选择切削用量？

(9) 设计循环起点时要注意什么？

2. 计划与决策

选择刀具、量具、夹具类型，确定工件定位与夹紧方案，确定工件坐标系与编程原点、编程思路、加工进给路线方案、切削用量、相关 G 指令的应用，计算基点，确定尺寸检测步骤，确定机床的保养工作步骤与小组成员分工。

3. 实施

(1) 选用刀具,完成表3-16所示的数控加工刀具卡。

表3-16 手柄的数控加工刀具卡

产品名称或代号		零件名称		零件图号	
序号	刀具号	刀具规格名称	数量	加工表面	刀尖半径/mm	备注
1						
2						
3						
编制		审核		批准		第 页 共 页

(2) 安排加工工序,完成表3-17所示的数控加工工序卡。

表3-17 手柄的数控加工工序卡

工序号		工序内容			
零件名称		零件图号	材料	夹具名称	使用设备
工步号	工步内容	刀具号	主轴转速 $n/$ (r/min)	进给速度 $f/$ (mm/min)	背吃刀量 a_p/mm	备注
编制		审核		批准		第 页 共 页

（3）在表 3-18 中编写程序，并对程序段做注释。

表 3-18　编写程序并做注释

程序	注释

（4）操作与加工如表 3-19 所示。

表 3-19　操作与加工

机床运行前的检查	
工件装夹	
刀具安装	

(续表)

对刀操作	
录入程序并调试	
零件加工	
测量	
机床、工具、量具保养与现场清扫	

4. 检查

按表 3-20 的项目与评分标准对项目实训进行检查与考核。

表 3-20 手柄的评分标准

姓名			零件名称		手柄	时间		总得分	
项目	序号	技术要求		配分	评分标准		检测记录		得分
工艺与程序（30分）	1	工艺合理		6	不合理每处扣1分				
	2	程序格式规范		6	不规范每处扣1分				
	3	程序参数选择合理		6	不合理每处扣1分				
	4	指令选用正确		6	不正确每处扣2分				
	5	程序正确、完整		6	不正确每处扣2分				
机床操作（15分）	6	零件装夹合理		3	不合理每处扣3分				
	7	刀具选择及安装正确		3	不正确每处扣1.5分				
	8	对刀及数据填写正确		3	不正确每处扣1分				
	9	机床面板操作正确		3	不正确每处扣0.5分				
	10	意外情况处理正确		3	不正确每处扣1分				
工件尺寸（50分）	11	$\phi 8$ mm±0.02 mm		5	每超差0.01 mm扣2分				
	12	$\phi 15$ mm±0.02 mm		5	每超差0.01 mm扣2分				
	13	$\phi 20$ mm±0.02 mm		5	每超差0.01 mm扣2分				
	14	20 mm±0.02 mm		5	每超差0.01 mm扣2分				
	15	90 mm±0.05 mm		4	每超差0.01 mm扣2分				
	16	25 mm		4	每超差0.01 mm扣2分				
	17	$SR5$ mm		4	每超差0.01 mm扣2分				
	18	$R12$ mm		4	每超差0.01 mm扣2分				
	19	$R40$ mm		4	每超差0.01 mm扣2分				
	20	去毛刺		2	每处未去扣1分				
	21	表面粗糙度		8	每处降低一级扣2分				

(续表)

姓名		零件名称		手柄	时间		总得分	
文明生产 （5分）	22	安全操作		2.5	违反操作规程全扣			
	23	机床整理		2.5	不合格全扣			

5. 小结与评价

按表3-21规定的评价项目对学生项目实训进行评价。小组成员各自完成"自我评价"，组长完成"小组评价"，教师完成"教师评价"。上交文件材料及产品，做好实训室5S管理。

表3-21 任务评价表

姓名		班级		学号		日期	
序号	检查项目		自我评价	小组评价	教师评价	备注	
1	遵守安全操作规范						
2	态度端正，工作认真						
3	能提前进行学习，并积极参加讨论						
4	能熟练、多渠道地查找参考资料						
5	能正确说出操作重点						
6	工作步骤执行、操作规范熟练						
7	能在规定时间内完成任务，并按要求上交（或打印）任务结果						
8	遵守纪律，积极协作						
9	做好设备保养工作						
10	做好5S管理工作						
	合计						
	总分						

注：①采用10-9-7-5-3-0分制给分。
②总分＝"自我评价"分数×20%＋"小组评价"分数×30%＋"教师评价"分数×50%。

1. 判断题

（1）使用G71指令进行粗车时，程序段号从ns到nf之间的F、S、T功能均有效。（   ）

（2）G71指令不适用于有圆弧的零件的加工。（   ）

（3）G71循环加工程序中第ns程序段仅限X轴方向进刀运动，否则会出现程序报警。

（4）M03 不但具有 M02 的功能，还可以使程序自动回到开头。（　　）

（5）使用偏刀车削端面时，采用从中心向外进给，不会产生凹面。（　　）

（6）G72 循环加工程序中第 ns 程序段不限仅 Z 轴方向的进刀运动。（　　）

（7）使用 G73 时，零件沿 X 轴的外形必须是单调增大或单调减小的。（　　）

（8）G73 循环加工的轮廓形状，没有单调增大或单调减小形式的限制。（　　）

（9）G73 循环加工程序中第 ns 程序段仅限 X 轴方向进刀运动，否则会出现程序报警。（　　）

（10）G73 指令适合于零件基本成形的锻铸件的加工。（　　）

（11）实际生产中，加工余量大并带有凹槽类的零件时，如果毛坯是棒料，先用 G71 指令去掉大部分加工余量后，再用 G73 指令加工。这样可以节省时间，提高生产效率。（　　）

（12）G71 与 G72 背吃刀量 Δd 的切入方向不一样，G71 沿 X 轴方向进给切深，G72 沿 Z 轴方向移动切深。（　　）

（13）G71、G72、G73 复合循环中的地址 P 指定的程序段中，应有准备功能 01 组的 G00 或 G01 指令，否则会出现程序报警。（　　）

（14）在 MDI 模式下，不能运行 G71、G72、G73 指令。（　　）

（15）端面槽刀的主切削刃应与车床主轴轴线等高并垂直。（　　）

2. 选择题

（1）"G71 U (*Δd*) R (*e*);" 中，Δd 表示（　　）。
A. 背吃刀量，无正负号，半径值　　　　B. 背吃刀量，有正负号，半径值
C. 背吃刀量，无正负号，直径值　　　　D. 背吃刀量，有正负号，直径值

（2）"G71 U (*Δd*) R (*e*);" 中，Δd 表示（　　）。
A. Z 轴方向的精车余量　　　　　　　　B. X 轴方向的精车余量
C. 每刀背吃刀量　　　　　　　　　　　D. 总背吃刀量

（3）下列指令中属于外圆切削循环指令的是（　　）。
A. G94　　　　B. G71　　　　C. G90　　　　D. G73

（4）G73 指令中的 R 后的值是指（　　）。
A. X 轴方向的退刀量　　　　　　　　　B. Z 轴方向的退刀量
C. 总退刀量　　　　　　　　　　　　　D. 分层切削次数

（5）粗加工时，为了提高生产效率，选用切削用量时，应首先选择较大的（　　）。
A. 进给速度　　　B. 背吃刀量　　　C. 切削速度　　　D. 切削厚度

（6）车削外圆时，如果车刀安装（刀尖）高于工件中心线，在不考虑合成运动的前提下，则刀具的（　　）。
A. 工作前角变大，工作后角变小　　　　B. 工作前角变小，工作后角变大
C. 工作前后角不变　　　　　　　　　　D. 工作前角不变，工作后角变小

3. 简答题

（1）G71 指令与 G73 指令有什么区别？

（2）G73 复合循环指令适合加工哪种类型的零件？

4. 编程题

编写图 3-19 所示零件的加工程序并完成加工过程，材料为 2A16。

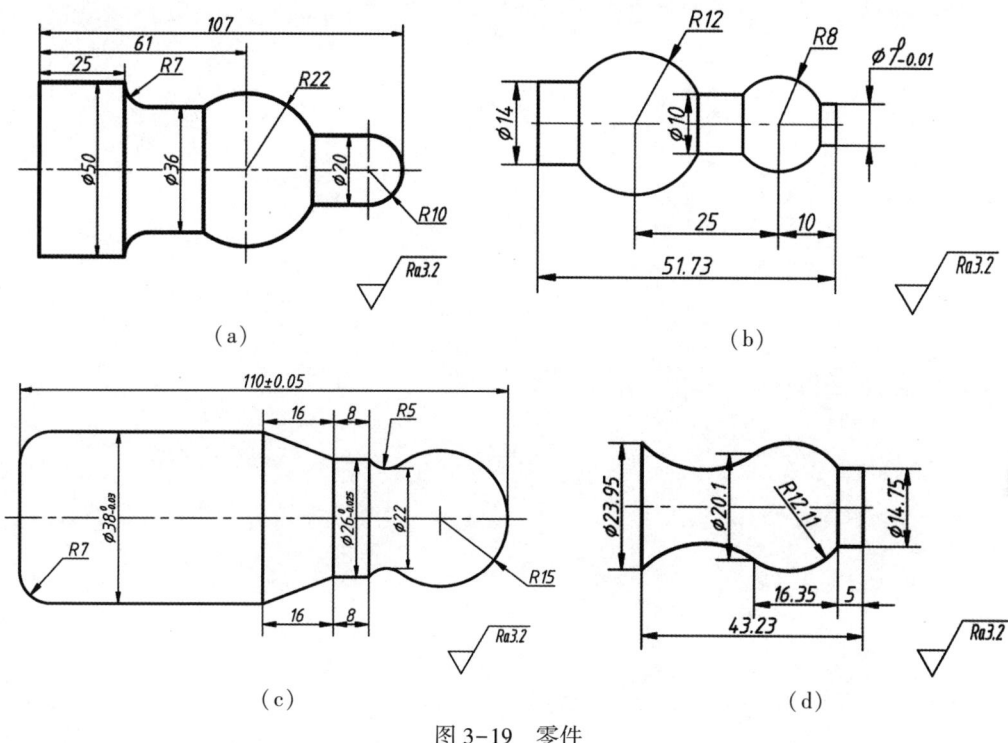

图 3-19　零件

项目 4

孔的加工

任务 4.1　使用 G74 循环指令的套类零件加工

知识目标
(1) 了解孔加工的特点。
(2) 掌握孔加工的工艺方法。
(3) 掌握深孔加工循环指令 G74。
(4) 了解可能产生孔加工废品的原因及解决办法。

能力目标
(1) 能正确运用 G74 等指令进行孔加工程序的编制。
(2) 能选择合适的工件装夹方法、刀具及切削用量。

素养目标
(1) 牢固树立质量意识,培养精益求精的工匠精神。
(2) 树立正确的学习观,增强文化传承和创新设计的使命感。
(3) 遵规守纪,爱护设备,钻研技术,严谨细致,安全生产。

励志故事

大国工匠——陈行行

陈行行是中国工程物理研究院机械制造工艺研究所的高级技师。2006—2011 年,他在山东技师学院机械工程系学习,并在某食品设备有限公司从事机加工工艺与数控技术工作。在此期间,他凭借出色的技能,荣获第四届全国数控技能大赛职工组加工中心(四轴)第四名,并被授予"山东省技术能手"称号。2011 年,陈行行加入中国工程物理研究院，这里成了他职业生涯的新起点。他致力于钻研新知识、新技能，迅速掌握了多轴联动加工技术、高速高精度加工技术和自动编程技术。特别是在薄壁类、弱刚性类零件的加工工艺与技术方面，他展现出卓越的能力。在承担多项重要型号产品任务时，他攻坚克难，成功解决了众多技术难题。

4.1.1 任务描述

图4-1所示为衬套，毛坯为φ38 mm棒料45钢，生产类型为单件或小批量生产，无须进行热处理工艺。要求正确设定工件坐标系，制订加工工艺方案，选择合理的切削工艺参数，正确编制数控加工程序并完成零件的加工。

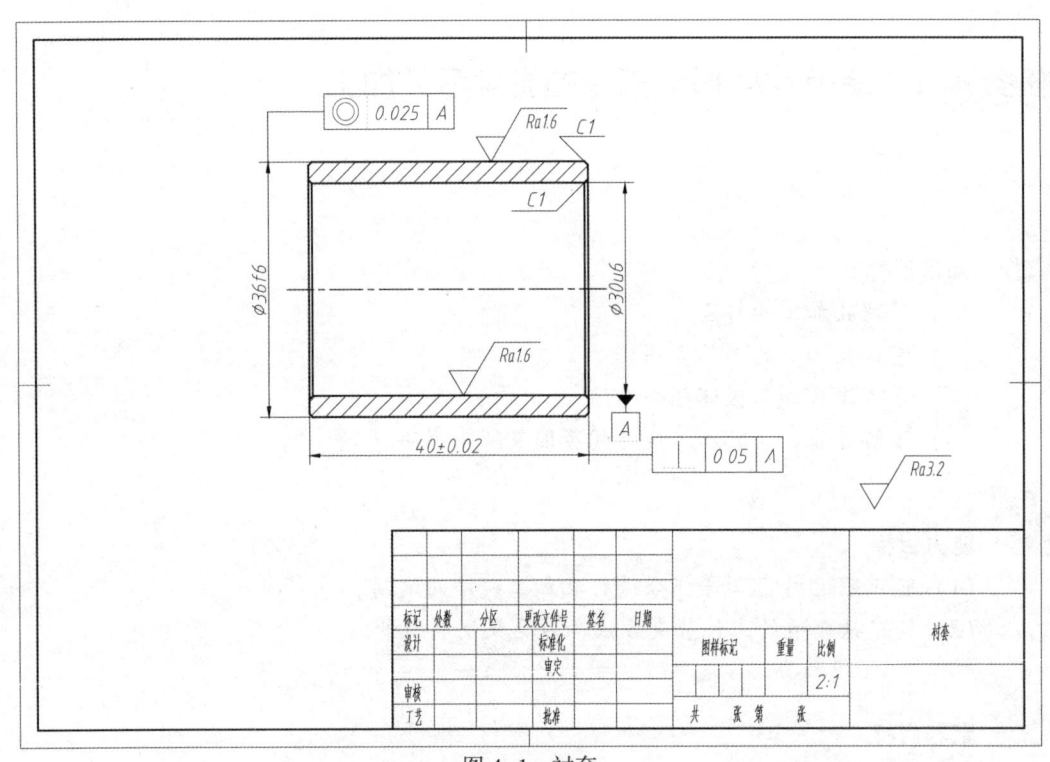

图4-1 衬套

4.1.2 知识准备

1. 套类零件加工工艺

套类零件是回转体零件中的一种空心薄壁件，其主要表面包括同轴度较高的内、外圆表面，壁厚相对较薄，端面与轴线有较高的垂直度要求，以确保装配精度。根据用途和形状，套类零件可以分为以下几种：轴套、法兰套、齿轮套、销套。

（1）孔加工方法

常用的孔加工方法有钻孔、扩孔、铰孔、镗孔等，这些方法能够加工出不同结构尺寸、满足各种精度和表面质量要求的孔。

①钻孔。钻孔是指用钻头在工件实体部位加工孔。钻孔属于粗车，可达到的公差等级

一般为IT11~IT12，表面粗糙度为 Ra12.5 μm。钻孔的工艺特点主要包括：钻头容易偏斜，孔径容易扩大，孔的表面质量较差，钻削时轴向力大。因此，当需要钻孔的孔径大于30 mm时，一般分两次进行钻削。第一次钻出0.5~0.7倍孔径，第二次钻至所需的孔径。

②扩孔。扩孔是指用扩孔钻对已钻出的孔进行进一步加工，以扩大孔径并提高尺寸精度和降低表面粗糙度。扩孔可达到的公差等级一般为IT9~IT11，表面粗糙度一般为 Ra6.3~12.5 μm。扩孔属于孔的半精加工方法，常作为铰削前的预加工，也可作为尺寸精度不高的孔的终加工。与钻孔相比，扩孔具有刚性较好、导向性好、切削条件较好等特点。

③铰孔。铰孔是对未淬硬孔进行精加工的一种加工方法。铰孔的公差等级可达IT6~IT9，表面粗糙度可达 Ra0.1~3.2 μm。铰削的余量很小，一般粗铰余量为0.15~0.25 mm，精铰余量为0.05~0.15 mm。铰削应采用较低的切削速度，以免产生积屑瘤或引起振动，一般粗铰的切削速度为4~10 m/min，精铰的切削速度为1.5~5 m/min。

④镗孔。镗孔是一种经济实惠的孔加工方法，广泛应用于单件及小批量生产领域。对于生产过程中需要加工的非标准孔、大直径孔、精确短孔、不通孔和有色金属孔等，一般多采用镗孔方式加工。镗孔既可以作为粗加工，也可以作为精加工。镗孔既有助于修正孔中心线的偏斜，也有助于确保孔的坐标位置准确。镗孔的公差等级一般为IT6~IT9，表面粗糙度一般为 Ra0.4~3.2 μm。

（2）套类零件加工的工艺方案

①在一次安装中加工内外圆表面及端面。当零件结构允许时，使用这种工艺方案可以消除工件安装误差，能够加工出所有具有位置精度要求的表面，可确保较高的相互位置精度。

②全部加工分在几次安装中进行，先加工孔，然后以孔为定位基准加工外圆表面。当以孔为定位基准加工外圆时，常用刚度较好的小锥度心轴来安装工件。小锥度心轴的结构简单，易于制造，且心轴用两顶尖安装，其安装误差很小，因此可获得较高的位置精度。

③全部加工分在几次安装中进行，先加工外圆，然后以外圆表面为定位基准加工内孔。在这种工艺方案中，如果使用一般的三爪自定心卡盘夹紧工件，很可能会因卡盘的偏心误差较大而降低工件的同轴度。因此，在这种工艺方案中需要采用定心精度较高的夹具，以保证工件获得较高的同轴度。较长的套筒通常采用这种加工方案。

（3）防止薄壁套装夹变形的方法

①减小夹紧力对变形的影响。

• 夹紧力不宜集中于工件的某一部分，而应使其分布在较大的面积上，以使工件在单位面积上所受的压力更小，从而避免工件变形。同时，使用软卡爪时，应采取自镗的工艺措施，以减少安装误差，提高加工精度。图4-2是用开缝套筒装夹薄壁套工件，开缝套筒与工件的接触面大，夹紧力均匀分布在工件外圆上，因而工件不易变形。当薄壁套以孔为定位基准时，宜采用胀开式心轴。

• 使用轴向夹紧工件的夹具。如图4-3所示，通过螺母端面沿轴向夹紧工件，这种方式产生的径向变形极小。

• 在工件上设计并加工出增强刚性的辅助凸边，当加工结束后，再将凸边切除。

• 使用内部心棒或胀心式夹具（如图4-4所示），使用时，车好内孔后，将工件套到夹具上，再加工外圆。

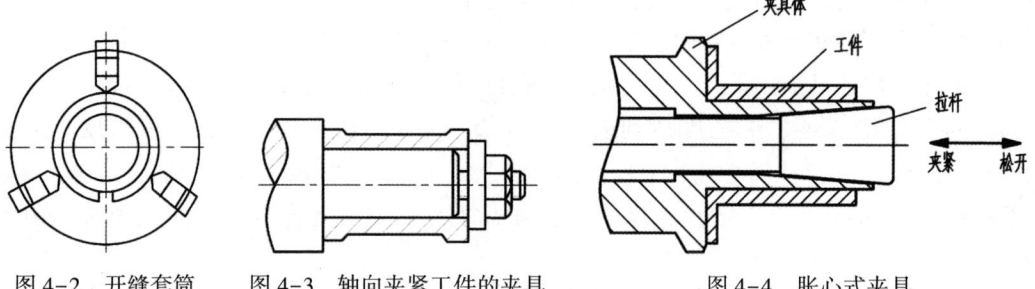

图 4-2　开缝套筒　　　图 4-3　轴向夹紧工件的夹具　　　图 4-4　胀心式夹具

②减少切削力对变形的影响。
- 减小径向力：通常可通过增大刀具的主偏角来减小径向力。
- 内外表面同时加工，使径向切削力相互抵消，从而减小工件变形。
- 粗、精加工分开进行，可使工件在粗加工时产生的变形通过精加工得到修正。

③减少热变形引起的误差。

在加工过程中，工件受切削热后会膨胀变形，影响工件的加工精度。因此，在粗、精加工之间应留有充分冷却的时间，并在加工时注入足够的切削液以降低切削温度。

2. 端面深孔加工循环指令 G74

G74 指令为端面深孔加工循环指令，也称啄式孔加工指令，可以实现断屑加工，其加工过程如图 4-5 所示。

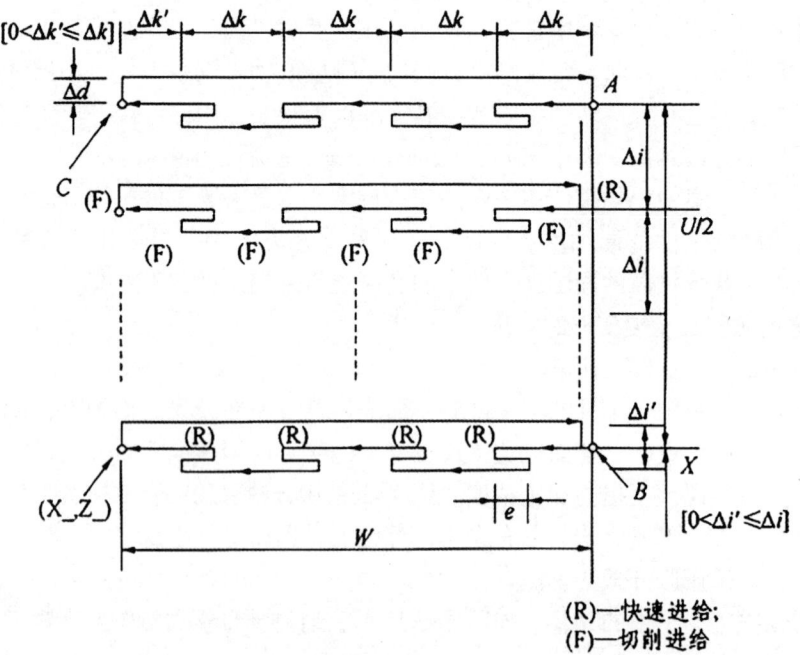

图 4-5　端面深孔加工循环指令 G74 加工过程

格式：G74 R (*e*)；
　　　G74 X（U）___ Z（W）___ P（Δ*i*）Q（Δ*k*）R（Δ*d*）F___；
说明：

①*e* 表示退刀量。

②X、Z 后的值表示深孔钻削终点在工件坐标系中的绝对坐标值。

③U、W 后的值表示深孔钻削终点相对于循环起点的增量坐标值。U 后的值对应 X 轴方向的增量，W 后的值对应 Z 轴方向的增量。

④Δ*i* 表示 X 轴方向的每次切削进给量（半径值），单位为 μm。

⑤Δ*k* 表示 Z 轴方向的每次背吃刀量，单位为 μm。

⑥Δ*d* 表示在孔底的 X 轴方向的退刀量（半径值）。

⑦F 后的值表示进给速度。

在车削端面槽时，应选用合适的端面槽刀。端面槽刀副后刀面的圆弧半径应略小于端面槽外圈圆弧半径，以免副后刀面与外圈槽壁发生干涉。

视频：端面深孔加工循环指令 G74 的加工过程

例 4-1 使用 G74 指令加工图 4-6 所示的端面槽件。

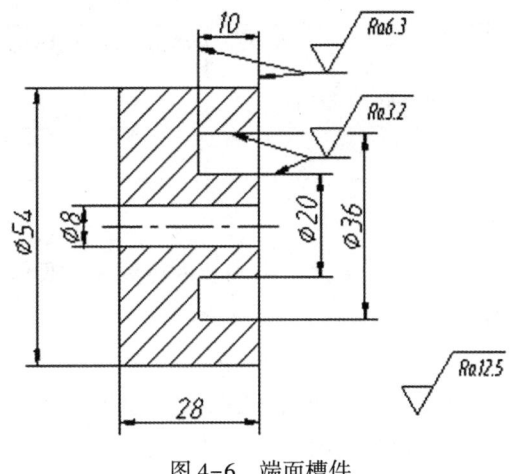

图 4-6　端面槽件

选取端面槽件右端面中心为编程原点，端面槽件的部分加工程序如表 4-1 所示。

表 4-1 端面槽件的部分加工程序

顺序号	程序	注释
	O4001	程序号
N140	T0202;	换2号刀（φ8 mm 钻头）并调用2号刀补
N150	M03 S400;	主轴正转，转速为 400 r/min
N160	G00 X0.0;	
N170	Z2.0;	
N180	M08;	打开切削液
N190	G74 R1;	使用 G74 指令指定退刀量
N200	G74 Z-30.0 Q3000 F0.1;	使用 G74 指令开始端面深孔加工循环
N210	G00 Z200.0;	
N220	X150.0;	
N230	M01;	
N240	T0303;	换3号刀（端面槽刀）并调用3号刀补
N250	M03 S300;	
N260	G00 Z2.0;	
N270	X35.0;	
N280	M08;	打开切削液
N290	G74 R0.5;	使用 G74 指令车削端面槽
N300	G74 X20.0 Z-10.0 P2000 Q1500 F0.1;	
N310	G00 Z200.0;	

3. 检测量具

本任务主要使用的量具有内径千分尺、塞规及内径量表，具体使用方法如下。

（1）内径千分尺的使用方法

①测量前，先校准零位。

②将量爪放入被测孔内，量爪与孔壁接触的松紧程度要合适，读出测量值。

③精度较高的槽宽等尺寸，也可用内径千分尺测量。

（2）塞规的使用方法

在成批生产中，为了测量方便，常用塞规测量孔径，如图4-7所示。塞规的使用方法如下。

①使用时，应在被测工件冷却到室温时测量。保证塞规温度与被测工件温度一致。

②测量时，不可强行通过内孔，对竖直的内孔一般靠自身重力自由通过。塞规轴线应与被测孔轴线一致，不可歪斜。

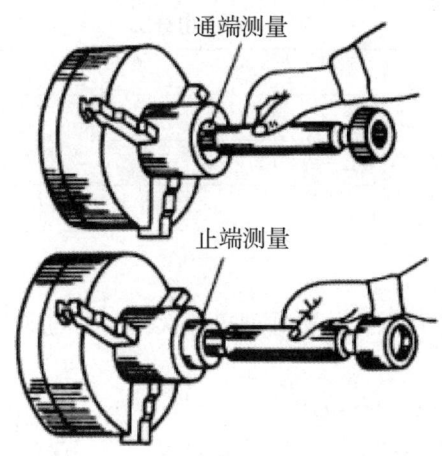

图 4-7 塞规的使用

(3) 内径量表的使用方法

①根据被测尺寸公差的情况，先选择一个千分尺，普通千分尺的分度值为 0.01 mm，指示千分尺的分度值为 0.002 mm。

②把千分尺调整到被测值的名义尺寸并锁紧。

③一手握内径量表，一手握千分尺，将内径量表的测头放在千分尺内进行校准，注意内径量表的测杆应尽量垂直于千分尺。

④调整内径量表使压表量在 0.2～0.3 mm，并将表针置零。按被测尺寸公差调整表圈上的误差指示拨片即可进行测量，如图 4-8 所示。

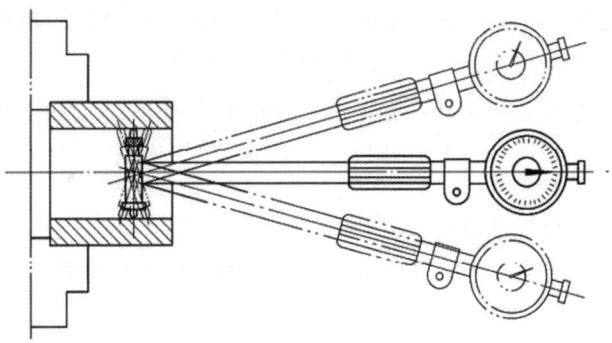

图 4-8 内径量表

⑤测量孔径时，孔轴向的最小尺寸为其直径；测量平面间距时，任意方向内均最小的尺寸为平面间距。最终测量数据为内径量表读数与零位尺寸之和。

4.1.3 方案设计

1. 小组分工

教师引导学生进行小组分工，组长根据实际情况填写表 4-2。

表4-2 小组分工

小组信息	班级名称			日　　期	
	小组名称			组长姓名	
	岗位分工				
	成员姓名				

2. 讨论工作计划

小组成员共同讨论工作计划，分析并列出本次任务中的操作重点。

（1）零件结构分析

①零件的轮廓由圆柱面和内孔组成。

②本道工序内容为完成零件加工。因篇幅原因，下面仅对工件右端的加工进行分析。

（2）数控车削加工工艺分析

①装夹方案与夹具。该薄壁套筒的孔壁较薄，在装夹过程中容易变形，一般可采用以外圆为定位基准或以内孔为定位基准的方法。以外圆为定位基准时，可使用特制的软卡爪或开缝套筒装夹工件；以内孔为定位基准时，可使用心轴来装夹工件。由于该零件对外圆尺寸精度、内孔尺寸精度、相互位置尺寸精度及表面粗糙度要求较高，加工时应在一次装夹中完成，但外圆有同轴度要求，右端面与孔轴线有垂直度要求，无法在一次装夹中完成全部加工内容。

如果该薄壁套筒以孔为定位基准，宜先用开缝套筒装夹工件来加工内孔，再采用心轴装夹工件来加工外圆。之后，再掉头装夹，依次加工左端面并精加工外圆表面。

夹具选择：三爪自定心卡盘、心轴、开缝套筒。

②加工方法。先加工一端：加工端面、粗加工外圆表面及孔；精加工外圆表面及孔、倒角、切断。再加工另一端：加工端面、外圆表面、倒角。

③刀具选择。采用中心钻（首件手动，第二件后不用），ϕ27 mm钻头，93°外圆车刀，后排屑不通孔车刀。

④切削用量。如表4-3所示。

（3）确定编程原点与编程思路

①设置编程坐标系原点。选取工件右端面中心为编程坐标系原点。

②编程思路。端面加工使用G94指令，钻孔、内孔粗加工使用G74指令，外圆粗加工使用G90指令，其余部分精加工使用G01指令。

（4）确定加工进给路线

此处仅分析端面加工、外圆粗加工、孔加工的程序。

①设计循环起点。端面加工循环起点为（41，3），外圆粗加工循环起点为（41，2），孔加工循环起点为（26，3）。

②设计进给路线。

钻孔的进给路线：使用G74指令以一进一退的走刀方式。路线图略。

粗、精车右端面进给路线：使用G94指令按矩形循环进给路线走刀，如图4-9（a）所示。

粗车外圆进给路线：使用 G90 指令按矩形循环进给路线走刀，如图 4-9（b）所示。
外倒角进给路线：使用 G01 指令按直线走刀。路线图略。
内孔粗车进给路线：使用 G74 指令以一进一退的走刀方式。路线图略。
内孔右端倒角与内孔精车进给路线：使用 G01 指令按直线走刀，如图 4-9（c）所示。

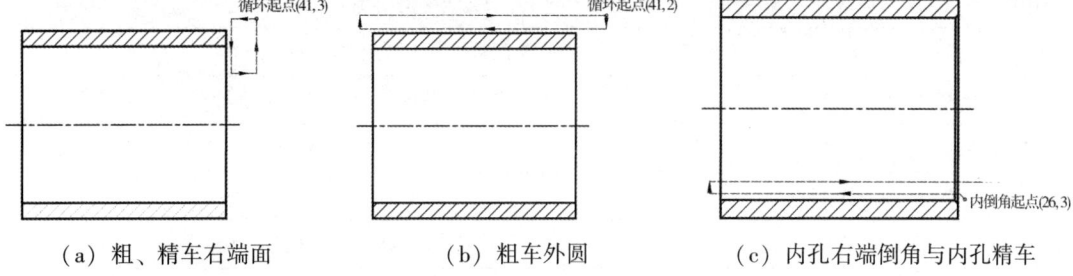

(a) 粗、精车右端面　　　　(b) 粗车外圆　　　　(c) 内孔右端倒角与内孔精车

图 4-9　进给路线

（5）填写数控加工工序卡

填写表 4-3 所示的数控加工工序卡。

表 4-3　衬套（右端）的数控加工工序卡

工序号	01	工序内容		右端		
零件名称		零件图号	材料	夹具名称		使用设备
衬套		图 4-1	45 钢	三爪自定心卡盘、开缝套筒		数控车床
工步号	工步内容	刀具号	主轴转速 n/(r/min)	进给速度 f/(mm/min)	背吃刀量 a_p/mm	备注
1	中心孔		1000			手动
2	钻孔	T0101	500	1	13	自动
3	粗、精车右端面	T0202	800	0.15	2	自动
4	粗车外圆	T0202	800	0.2	1.5	自动
5	外圆右侧倒角	T0202	800	0.1	0.707	自动
6	粗车内孔	T0303	700	0.15	0.6	自动
7	内孔右侧倒角	T0303	700	0.1	0.707	自动
8	精车内孔	T0303	800	0.1	0.3	自动
编制		审核		批准	第　页	共　页

4.1.4　任务实施

1. 编制加工程序

依据方案设计中选取的编程原点，编制衬套（右端）的数控加工程序。参考程序如表 4-4 所示。

表 4-4 衬套（右端）的加工参考程序

加工程序	程序注释
O4002;	程序号
T0101;	选择 1 号刀并调用 1 号刀补
S500;	主轴正转，转速为 500 r/min
G00 X0.0 Z6.0 M08;	钻头快移至循环起点，打开切削液
G74 R0.5;	使用 G74 指令啄钻
G74 Z-65.0 Q5000 F0.15;	
G00 X100.0 Z200.0 M09;	1 号刀快速移至换刀点，并关闭切削液
S800 T0202;	转速设为 800 r/min，换 2 号刀并调用 2 号刀补
G00 X41.0 Z2.0;	车刀快速靠近工件，并移至循环起点
G94 X25.0 Z0.5 F0.15;	使用 G94 指令粗车、精车工件右端面
Z0;	
G90 X36.3 Z-43.0 F0.15;	使用 G90 指令粗车外圆至 φ36.3 mm，长 43 mm
G00 X30.0 Z3.0;	车刀移至外倒角切削起点
G01 X40.0 Z-2.0 F0.1;	倒角
G00 X100.0 Z200.0;	2 号刀快速移至换刀点
S700 T0303;	换 3 号刀（内孔车刀）并调用 3 号刀补
G00 X26.0 Z3.0;	车刀快速靠近工件，并移至循环起点
G74 R0.5;	使用 G74 指令粗车内孔至 φ29.3 mm，长 45 mm，留精车余量 0.3 mm
G74 X29.3 Z-45.0 P1000 Q4000 R0.5 F0.2;	
G00 X36.0 Z3.0;	改变 3 号刀起点，准备加工倒角
G01 X30.0 Z-1.0 F0.1;	倒角
Z-45.0;	精车内孔
X28.0;	X 轴方向退刀
G00 Z200.0;	返回换刀点
X100.0;	
M05;	主轴停止
M30;	程序结束，光标返回程序头

2. 零件的加工

(1) 开机回参考点，进行机床检查。

(2) 安装刀具。将钻头、93°外圆车刀、内孔刀置于刀架上。

(3) 装夹工件。使用三爪自定心卡盘夹紧工件，对外圆柱伸出端外圆先切削一刀，再掉头，找正后夹紧。

（4）对伸出端端面切削一刀，钻中心孔。

（5）对刀。依次对钻头、93°外圆车刀、内孔刀（非首件）进行对刀操作。

（6）输入程序并进行调试。

（7）在自动运行模式下运行加工程序。

（8）测量工件，并根据测量结果对磨耗值进行修正。

（9）执行精加工。

（10）加工完成后，将工件从卡盘上卸下，准备掉头加工。

4.1.5 检查评估

衬套右端的编程与加工评分标准如表4-5所示。

表4-5 衬套右端的编程与加工评分标准

姓名		零件名称		衬套	时间		总得分	
项目	序号	技术要求		配分	评分标准		检测记录	得分
工艺与程序（30分）	1	工艺合理		6	不合理每处扣1分			
	2	程序格式规范		6	不规范每处扣1分			
	3	程序参数选择合理		6	不合理每处扣1分			
	4	指令选用正确		6	不正确每处扣2分			
	5	程序正确、完整		6	不正确每处扣2分			
机床操作（15分）	6	零件装夹合理		3	不合理每处扣3分			
	7	刀具选择及安装正确		3	不正确每处扣1.5分			
	8	对刀及坐标系设定正确		3	不正确每处扣1分			
	9	机床面板操作正确		3	不正确每处扣0.5分			
	10	意外情况处理正确		3	不正确每处扣1分			
工件尺寸（50分）	11	φ30u6		6	每超差0.01 mm扣2分			
	12	φ36f6		6	每超差0.01 mm扣2分			
	13	40 mm±0.02 mm		6	每超差0.01 mm扣2分			
	14	倒角（4处）		6	每处不符扣2分			
	15	垂直度		6	每超差0.01 mm扣2分			
	16	同心度		6	每超差0.01 mm扣2分			
	17	去毛刺		4	每处未去扣2分			
	18	表面粗糙度		10	每处降低一级扣2分			
文明生产（5分）	19	安全操作		2.5	违反操作规程全扣			
	20	机床整理		2.5	不合格全扣			

4.1.6 项目实训

编制图 4-10 所示薄壁套的加工程序并完成加工。材料为 $\phi 40$ mm 棒料 45 钢。

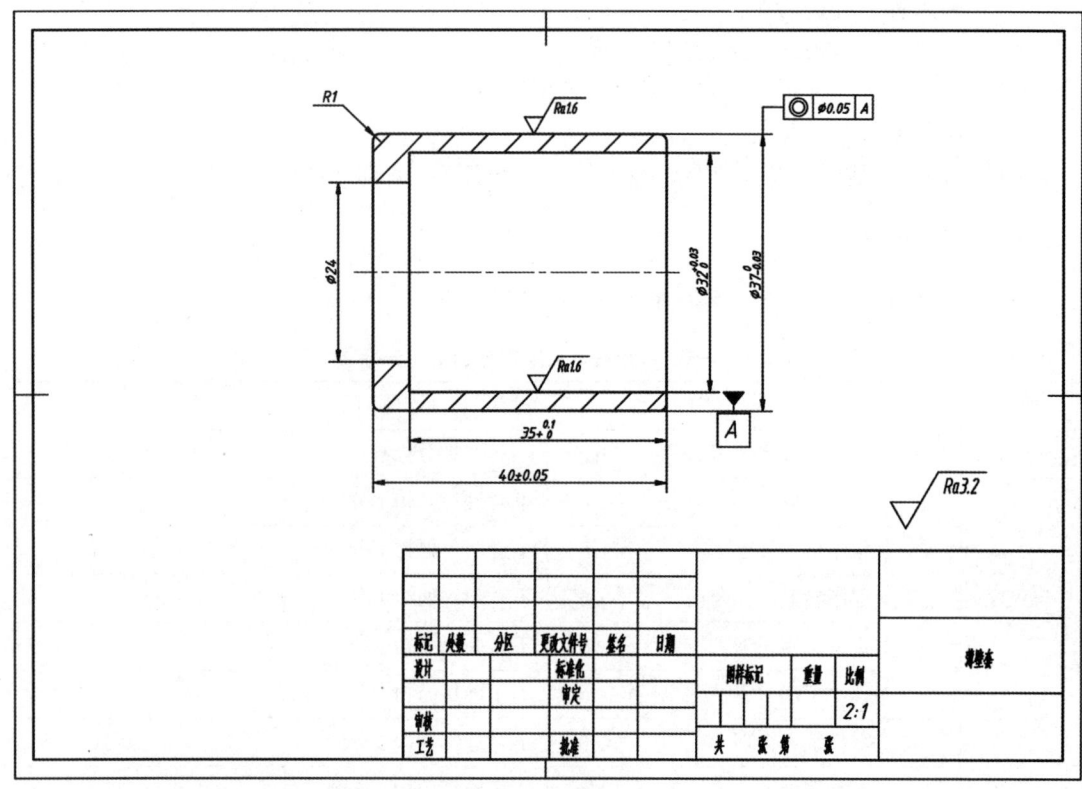

图 4-10 薄壁套

1. 思考

(1) 该零件的结构特征是什么？可以采用哪些方法对其进行装夹？
(2) 加工此零件对刀杆有什么要求？
(3) 该工件总长应如何控制？
(4) 加工该零件左端时，编程坐标系应如何建立？
(5) 钻中心孔时，应注意哪些问题？
(6) 加工该零件要不要设置刀尖圆弧半径补偿？为什么？
(7) 加工该零件时，如何选择切削用量？
(8) 如何选择内孔车刀？对内孔车刀的结构有什么要求？
(9) 加工薄壁套时产生变形的原因有哪些？如何解决？

2. 计划与决策

选择刀具、量具、夹具类型，确定工件定位与夹紧方案，确定工件坐标系与编程原点、编程思路、加工进给路线方案、切削用量、相关 G 指令的应用，计算基点，确定尺寸检测步骤，确定机床的保养工作步骤与小组成员分工。

3. 实施

(1) 选用刀具，填写表 4-6 所示的数控加工刀具卡。

表 4-6 薄壁套的数控加工刀具卡

产品名称或代号			零件名称		零件图号	
序号	刀具号	刀具规格名称	数量	加工表面	刀尖半径/mm	备注
1						
2						
3						
编制		审核		批准	第 页	共 页

(2) 安排加工工序，填写表 4-7 所示的数控加工工序卡。

表 4-7 薄壁套的数控加工工序卡

工序号		工序内容				
零件名称		零件图号	材料		夹具名称	使用设备
工步号	工步内容	刀具号	主轴转速 $n/$（r/min）	进给速度 $f/$（mm/min）	背吃刀量 $a_p/$mm	备注
编制		审核		批准	第 页	共 页

(3) 在表 4-8 中编写程序,并对程序段做注释。

表 4-8 编写程序并做注释

程序	注释

(4) 操作与加工如表 4-9 所示。

表 4-9 操作与加工

开机前的检查,开机	
工件装夹	
刀具安装	
对刀操作	
录入程序并调试	
零件加工	
测量并控制尺寸	
机床、工具、量具保养与现场清扫	

4. 检查

按表 4-10 的项目与评分标准对项目实训进行检查与考核。

表 4-10 薄壁套的评分标准

姓名			零件名称		薄壁套	时间		总得分	
项目	序号	技术要求		配分	评分标准		检测记录		得分
工艺与程序 (30 分)	1	工艺合理		6	不合理每处扣 1 分				
	2	程序格式规范		6	不规范每处扣 1 分				
	3	程序参数选择合理		6	不合理每处扣 1 分				
	4	指令选用正确		6	不正确每处扣 2 分				
	5	程序正确、完整		6	不正确每处扣 2 分				
机床操作 (15 分)	6	零件装夹合理		3	不合理每处扣 3 分				
	7	刀具选择及安装正确		3	不正确每处扣 1.5 分				
	8	对刀及数据填写正确		3	不正确每处扣 1 分				
	9	机床面板操作正确		3	不正确每处扣 0.5 分				
	10	意外情况处理正确		3	不正确每处扣 1 分				
工件尺寸 (50 分)	11	$\phi 40_0^{+0.1}$ mm		3	每超差 0.01 mm 扣 1 分				
	12	$\phi 35$ mm±0.05 mm		3	每超差 0.01 mm 扣 1 分				
	13	$\phi 45$ mm		3	每超差 0.01 mm 扣 1 分				
	14	$\phi 32_0^{+0.03}$ mm		10	每超差 0.01 mm 扣 1 分				
	15	$\phi 37_{-0.03}^{0}$ mm		10	每超差 0.01 mm 扣 1 分				
	16	◎ ∅0.05 A		4	每超差 0.01 mm 扣 1 分				
	17	R1 两处		4	每超差 0.01 mm 扣 1 分				
	18	去毛刺		3	每处未去扣 1 分				
	19	表面粗糙度		10	每处降低一级扣 2 分				
文明生产 (5 分)	20	安全操作		2.5	违反操作规程全扣				
	21	机床整理		2.5	不合格全扣				

5. 小结与评价

按表 4-11 规定的评价项目对项目实训完成情况进行评价。小组成员各自完成"自我评价",组长完成"小组评价",教师完成"教师评价"。上交文件材料及产品,做好实训室 5S 管理。

表 4-11 任务评价表

姓名		班级		学号		日期	
序号	检查项目		自我评价	小组评价	教师评价	备注	
1	遵守安全操作规范						
2	态度端正，工作认真						
3	能提前进行学习，并积极参加讨论						
4	能熟练、多渠道地查找参考资料						
5	能正确说出操作重点						
6	工作步骤执行、操作规范熟练						
7	能在规定时间内完成任务，并按要求上交（或打印）任务结果						
8	遵守纪律，积极协作						
9	做好设备保养工作						
10	做好 5S 管理工作						
	合计						
	总分						

注：①采用 10-9-7-5-3-0 分制给分。
②总分＝"自我评价"分数×20%＋"小组评价"分数×30%＋"教师评价"分数×50%。

思 考 与 练 习

1. 判断题

（1）G74 指令用于深孔精加工。（　　）

（2）使用 G74 指令完成一次轴向车削后，刀具按指令中参数 P 设定的偏移量沿 X 轴方向移动。（　　）

（3）G74 复合循环指令解决了深孔车削时的断屑问题。（　　）

（4）加工薄壁套时，工件不分粗、精车阶段。（　　）

（5）铰削铸铁件时，一般会加入乳化液进行冷却。（　　）

（6）在设计薄壁工件夹具时，夹紧力方向多考虑沿轴向夹紧。（　　）

（7）G74 循环指令执行过程中，Z 轴方向每次钻孔深度均相等。（　　）

（8）加工薄壁套时，夹紧力过大，易引起径向变形。（　　）

（9）粗基准一般只能使用一次。（　　）

（10）基轴制是指基本偏差为固定值的轴的公差带与不同基本偏差的孔的公差带形成各种配合的制度。（　　）

2. 选择题

（1）在数控车削回转体零件时，若需要进行二次装夹，应采用（　　）装夹。
A. 三爪硬爪卡盘　　B. 四爪硬爪卡盘　　C. 三爪软爪卡盘　　D. 四爪软爪卡盘
（2）薄壁套筒类零件以外圆为定位基准时，为了保证其加工精度，一般用特制的（　　）安装。
A. 软卡爪　　　　B. 自定心卡盘　　C. 单动卡盘　　　D. 都可以
（3）当指令"G74 R _(e)_；G74 X (U) ____ Z (W) ____ P (Δi) Q (Δk) R (Δd) F ____；"用作啄式深孔的断续加工时，其中的参数值须为 0 的是（　　）。
A. R _(e)_　　　B. P (Δi)　　　C. Q (Δk)　　　D. R (Δd)
（4）加工薄壁套筒类零件的难点在于（　　）。
A. 装夹困难　　　B. 冷却液加注　　C. 排屑　　　　D. 刀杆刚性
（5）钻孔时，使用（　　）指令可简化编程，利于排屑。
A. G71　　　　　B. G72　　　　　C. G74　　　　　D. G75

3. 简答题

（1）钻孔前为什么要钻中心孔？
（2）如何减少薄壁零件加工时产生的直径变形？
（3）选择内孔刀具应注意哪些问题？
（4）车内孔时容易引起振动的原因有哪些？

4. 编程题

编写图 4-11 所示零件的加工程序并完成加工过程，材料为棒料 45 钢。

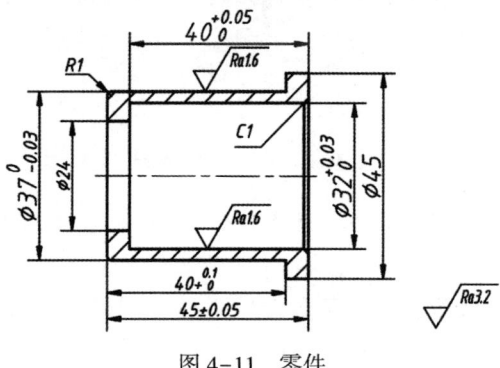

图 4-11 零件

任务4.2 使用G90或G71/G70循环指令的孔加工

知识目标

（1）了解孔加工的特点。
（2）熟练应用相应的编程指令编写孔类零件的加工程序。
（3）熟练掌握G71与G70指令格式的编程。

能力目标

（1）能使用简单循环指令G90进行孔的编程与加工。
（2）能使用复合循环指令G71与G70进行孔的编程与加工。
（3）能正确设计循环指令G90、G71及G70的循环起点。
（4）能选择工件装夹方法、刀具及切削用量。
（5）能正确测量工件。

素养目标

（1）培养控制成本、保障质量的责任意识。
（2）践行求实创新、精益求精的工匠精神。
（3）培养求真务实、敬业专注的职业品质。

励志故事

大国工匠——裴永斌

裴永斌是哈尔滨电机厂有限责任公司卧车组组长，他凭借三十余年的技艺钻研，练就了令人惊叹的绝活。他仅凭双手触摸就能精准判断大型变压器油箱的壁厚和表面粗糙度，测量精度甚至超过专业的仪器。在国家重点工程三峡三期设备国产化攻坚战中，裴永斌带领团队攻克了多项"卡脖子"的技术难题。凭借卓越贡献，裴永斌先后荣获"全国劳动模范""全国技术能手"等荣誉称号，成为新时代产业工人践行工匠精神的典范。

4.2.1 任务描述

图4-12所示为阶台孔。毛坯为 ϕ47 mm 棒料45钢，生产类型为单件生产。要求正确设定工件坐标系，制订加工工艺方案，选择合理的切削工艺参数，正确编制数控加工程序并完成零件的加工。

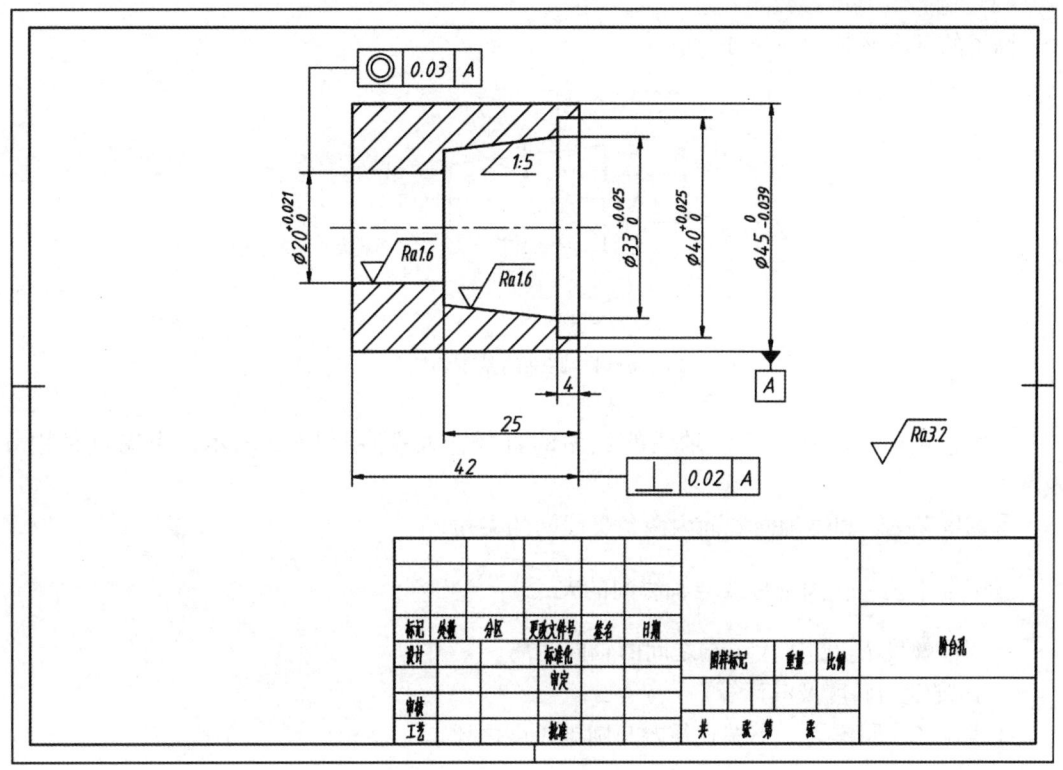

图 4-12 阶台孔

4.2.2 知识准备

1. 圆锥

（1）圆锥面的作用

圆锥面的配合同轴度高，拆卸方便，密封性与自锁性能好。当圆锥面较小（α<3°）时，它能传递较大扭矩，因此在机械领域应用广泛。例如，车床主轴前端锥孔、尾座套筒锥孔、锥度心轴、圆锥定位销等都是采用圆锥面配合。图 4-13（a）、（b）分别是含外圆锥面和内圆锥面的两种零件。

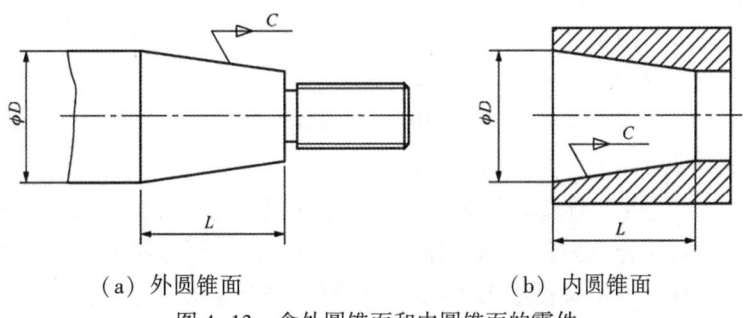

（a）外圆锥面　　　　　　（b）内圆锥面

图 4-13 含外圆锥面和内圆锥面的零件

（2）圆锥的基本参数

圆锥的基本参数如图 4-14 所示。

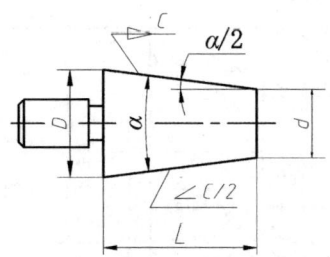

图 4-14 圆锥的基本参数

①圆锥直径：垂直于圆锥轴线的截面的直径，大端直径用 D 表示，小端直径用 d 表示。

②圆锥角 α：圆锥轴向截面内两条母线间的夹角。

③圆锥半角 $\dfrac{\alpha}{2}$：圆锥母线与轴线间的夹角。

④圆锥长度 L：圆锥大小端之间的轴向距离。

（3）锥度与斜度及其计算

①锥度 C：圆锥大、小端直径差与圆锥长度之比。

$$C = \frac{D-d}{L} \tag{4-1}$$

②斜度 $C/2$：圆锥大、小端半径差与圆锥长度之比。

$$C/2 = \tan\frac{\alpha}{2} = \frac{D-d}{2L} \tag{4-2}$$

2．孔加工刀具

（1）孔加工刀具的分类

根据用途的不同，孔加工刀具可以分为两类。

第一类是在实体材料上加工孔的刀具，主要为钻头，用于在实心材料上钻孔或扩孔。根据钻头构造的不同，又可分为麻花钻、扁钻、中心钻及深孔钻等。

第二类是对已有孔进行再加工的刀具，如车孔刀、扩孔钻及铰刀等。其中车孔刀分为通孔车刀和不通孔车刀两种。

（2）内孔车刀的选择

选择内孔车刀时应主要考虑刀杆的刚度，尽量防止振动。

①刀杆直径应尽可能大，接近内孔直径。

②刀杆工作长度应尽可能短。当工作长度小于 4 倍刀杆直径时，可采用钢制刀杆，深孔加工时最好采用硬质合金刀杆；当工作长度为 4～7 倍刀杆直径时，小孔用硬质合金刀杆，大孔用减振刀杆；当工作长度为 7～10 倍刀杆直径时，应采用减振刀杆。

③主偏角选择 75°～90°。

④选择切削刃圆弧小（如无涂层刀）和刀尖半径小（0.2 mm）的刀片。

⑤粗车选择小前角刀具，精车选择大前角刀具。
⑥镗削深的不通孔时，应采用压缩空气或切削液进行排屑和冷却。
⑦选择快速、可靠的镗刀柄夹具。

3. 孔加工时切削用量的选择

由于内孔车刀的刀体强度较弱，因此在选择切削用量时，应适当减小其数值，以确保加工的安全性和稳定性。总体而言，内孔车刀的切削用量主要依据以下因素进行选择：

①截面尺寸。刀杆截面尺寸较大的情况下，可以适当增大切削用量。

②刀具材料。相较于高速钢内孔车刀，硬质合金内孔车刀具有更高的硬度和耐磨性，通常可以选择更大的切削用量。

③工件材料。加工塑性材料时，应采用较高的切削速度，因为塑性材料在切削过程中不易产生裂纹和断裂；同时应适当减小进给量，避免因切削力过大导致刀具损坏或工件变形。加工脆性材料时，应适当降低切削速度，进给量可根据具体情况进行调整。

④加工性质。不同的加工性质（如粗车、半精车、精车）对切削用量的选择也有影响。一般来说，粗车时切削用量较大，以快速去除余量；而精车时切削用量较小，以保证加工精度和表面质量。

4. 检测量具

本任务需要的检测量具有深度游标卡尺、百分表与表座等。

4.2.3 方案设计

1. 小组分工

教师引导学生进行小组分工，组长根据实际情况填写表4-12。

表4-12 小组分工

小组信息	班级名称				日 期	
	小组名称				组长姓名	
	岗位分工					
	成员姓名					

2. 讨论工作计划

小组成员共同讨论工作计划，分析并列出本次任务中的操作重点。

（1）零件结构分析

①零件的外轮廓由圆柱面和圆弧面组成，需要倒角和倒圆。

②本零件加工内容为零件外圆柱面与阶台内锥孔等各内外轮廓。

（2）数控车削加工工艺分析

①装夹方案与夹具。该套件外圆、内孔应在一次装夹中完成，但在一次装夹中无法完成全部加工内容，因此可采取先加工零件右端面、外圆及内孔，然后切断，再掉头装夹，加工零件左端面的方案。

夹具选择：三爪自定心卡盘。

②加工方法。一次装夹完成右端全部粗、精加工内容。

③刀具选择。采用中心钻、φ18 mm 钻头，93°外圆车刀，内孔车刀。

④切削用量。如表 4-13 所示。

（3）确定编程原点与编程思路

①设置编程坐标系原点。选取工件右端面中心为编程坐标系原点。

②编程思路。本工件的结构简单，关键在于内孔的加工。内孔可以用 G01 指令进行分层加工，也可以用 G71、G90 两种循环指令进行加工。下面分别介绍使用 G71、G90 指令进行孔加工的编程方案。

G71 方案：端面与内孔使用 G71、G70 指令进行加工，钻孔使用 G74 指令，外圆粗、精加工使用 G90 指令。

G90 方案：端面使用 G94 指令进行加工，钻孔、φ20 mm 孔粗加工使用 G74 指令，内锥孔及 φ40 mm 孔粗、精加工使用 G90 指令，外圆粗、精加工使用 G90 指令。

（4）确定加工进给路线

①设计循环起点。使用 G94 指令进行端面加工的循环起点为（49，2），使用 G90、G71、G70 指令进行孔加工的循环起点为（17，2）。

②设计进给路线。粗、精加工路线依据 G74、G90、G01 或 G74、G71、G70 的路线走刀。

（5）确定基点坐标

在所设置的工件坐标系中确定各基点的坐标值。

（6）填写数控加工工序卡

填写表 4-13 所示的数控加工工序卡。

表 4-13 阶台孔的数控加工工序卡

工序号	01	工序内容		右端		
零件名称		零件图号	材料	夹具名称		使用设备
阶台孔		图 4-12	45 钢	三爪自定心卡盘		数控车床
工步号	工步内容	刀具号	主轴转速 $n/$（r/min）	进给速度 $f/$（mm/min）	背吃刀量 $a_p/$mm	备注
1	钻孔		500	1	13	手动
2	粗、精车右端面	T0101	800	0.15	2	自动
3	车 φ45 mm 外圆	T0101	800	0.2	2、0.4	自动
4	粗车各阶孔，留余量 0.3 mm	T0202	700	0.15	1.2	自动
5	精车各阶孔	T0202	800	0.1	0.3	自动
6	切断	T0303	1000	0.1	4	自动
编制		审核		批准	第 页	共 页

4.2.4 任务实施

依据方案设计中选取的编程原点，分别编制以 G71 指令为主和以 G90 指令为主的两种阶台孔（右端）数控加工程序。参考程序如表 4-14、表 4-15 所示。

表 4-14 阶台孔（右端）数控加工程序（用复合循环指令 G71 编写）

加工程序	程序注释
O4004；	程序号
T0101 G99；	选择 1 号刀并调用 1 号刀补
M03 S800；	主轴正转，转速为 800 r/min
G00 X49.0 Z2.0；	车刀快速靠近工件，并移至循环起点
G94 X−1.0 Z0.5 F0.15；	使用 G94 指令粗、精车工件右端面
Z0；	
G90 X45.3 Z−43.0 F0.15；	使用 G90 指令粗、精车外圆至 φ45 mm，长 43 mm
X45.0；	
G00 X100.0 Z200.0；	1 号刀快速移动到换刀点
S700 T0202；	换 2 号刀（内孔车刀）并调用 2 号刀补
G00 X17.0 Z2.0；	车刀快速靠近工件，并移至循环起点
G71 U1.5 R0.5；	使用 G71 指令开始粗车
G71 P10 Q20 U−0.3 W0.1 F0.15；	
N10 G41 G00 X40.0；	精车轮廓程序
G01 Z−4.0 F0.1；	
G01 X33 C0.1；	
X28.8 Z−25.0；	
G01 X20.0 C0.1；	
Z−43.0；	
G01 X17.5；	
N20 G40 X17.0；	
G00 X100.0 Z200.0；	返回换刀点
M05；	
M00；	程序暂停，测量，并依据测量结果修正磨耗值
T0202；	重新选择 2 号刀并调用 2 号刀补，引用新磨耗值
M03 S1200；	

(续表)

加工程序	程序注释
G00 X17.0 Z2.0;	G71、G70 指令的循环起点
G70 P10 Q20;	使用 G70 指令开始精车循环
G00 X100.0 Z200.0;	返回换刀点
S500 T0303;	换 3 号刀并调用 3 号刀补,准备切断
G00 X49.0 Z-47.0;	移到切断起点
G01 X19.5 F0.1;	切断
G00 X100.0 Z200.0;	返回换刀点
M05;	主轴停止
M30;	程序结束,光标返回程序头

表 4-15　阶台孔(右端)数控加工程序(用固定循环指令 G90 编写)

加工程序	程序注释
O4003;	程序号
T0101 G99;	选择 1 号刀并调用 1 号刀补
M03 S800;	主轴正转,转速为 800 r/min
G00 X49.0 Z2.0;	车刀快速靠近工件,并移至循环起点
G94 X-1.0 Z0.5 F0.15;	使用 G94 指令粗、精车工件右端面
Z0;	
G90 X45.3 Z-43.0 F0.15;	使用 G90 指令粗、精车外圆至 ϕ45 mm,长 43 mm
X45.0;	
G00 X100.0 Z200.0;	1 号刀快移到换刀点
S700 T0202;	换 2 号刀(内孔车刀)并调用 2 号刀补
G00 X17.0 Z2.0;	车刀快速靠近工件,移至循环起点
G90 X19.7 Z-43.0 F0.15;	使用 G90 指令粗加工 ϕ20 mm,留精车余量 0.3 mm
Z-10.2 R5.8;	
Z-14.4 R8.2;	
Z-18.6 R10.7;	使用 G90 指令粗加工 1∶5 锥孔,去除三角形余量
Z-22.8 R13.0;	
Z-27.0 R15.4;	

（续表）

加工程序	程序注释
X21.9 R2.7;	使用 G90 指令粗加工 1∶5 锥孔，去除平行四边形余量
X24.1 R2.7;	
X26.3 R2.7;	
X28.5 R2.7;	
G90 X35.3 Z-4.0;	使用 G90 指令粗加工 ϕ40 mm 内孔
X37.5;	
X39.7;	
S1200;	主轴转速为 1200 r/min，精加工内孔
G00 G41 X40.0 Z2.0;	倒角
G01 Z-4.0 F0.1;	精车 ϕ40 mm 内孔
G01 X33.0 C0.1;	台肩
X28.8 Z-25.0;	精车内锥孔
G01 X20.0 C0.1;	台肩
Z-43.0;	精车 ϕ20 mm 内孔
G00 X17.5;	X 轴方向退出
G40 X17.0 Z2.0;	退回循环起点
G00 X100.0 Z200.0;	返回换刀点
S500 T0303;	换 3 号刀并调用 3 号刀补，准备切断
G00 X49.0 Z-47.0;	移到切断起点
G01 X19.5 F0.1;	切断
G00 X100.0 Z200.0;	返回换刀点
M05;	主轴停止
M30;	程序结束，光标返回程序头

4.2.5 检查评估

阶台孔（右端）加工评分标准如表 4-16 所示。

表 4-16 阶台孔（右端）加工评分标准

姓名			零件名称		阶台孔	时间		总得分	
项目	序号	技术要求		配分		评分标准		检测记录	得分
工艺与程序(30分)	1	工艺合理		6		不合理每处扣1分			
	2	程序格式规范		6		不规范每处扣1分			
	3	程序参数选择合理		6		不合理每处扣1分			
	4	指令选用正确		6		不正确每处扣2分			
	5	程序正确、完整		6		不正确每处扣2分			
机床操作(15分)	6	零件装夹合理		3		不合理每处扣3分			
	7	刀具选择及安装正确		3		不正确每处扣1.5分			
	8	对刀及坐标系设定正确		3		不正确每处扣1分			
	9	机床面板操作正确		3		不正确每处扣0.5分			
	10	意外情况处理正确		3		不正确每处扣1分			
工件尺寸(50分)	11	$\phi 45_{-0.039}^{0}$ mm		5		每超差0.01 mm扣1分			
	12	$\phi 40_{0}^{+0.025}$ mm		5		每超差0.01 mm扣1分			
	13	$\phi 33_{0}^{+0.025}$ mm		5		每超差0.01 mm扣1分			
	14	$\phi 20_{0}^{+0.021}$ mm		5		每超差0.01 mm扣1分			
	15	4 mm		5		每超差0.01 mm扣1分			
	16	25 mm		5		每超差0.01 mm扣1分			
	17	42 mm		3		每超差0.01 mm扣1分			
	18	⊥ 0.02 A		3		每超差0.01 mm扣1分			
	19	◎ 0.03 A		3		每超差0.01 mm扣1分			
	20	去毛刺		3		每处未去扣1分			
	21	表面粗糙度		8		每处降低一级扣2分			
文明生产(5分)	22	安全操作		2.5		违反操作规程全扣			
	23	机床整理		2.5		不合格全扣			

4.2.6 项目实训

编制图 4-15 所示锥孔套的加工程序并完成加工。材料为 $\phi 60$ mm 棒料 45 钢。

1. **思考**

(1) 该零件的结构特征有哪些？可以采用哪些方法对其进行装夹？

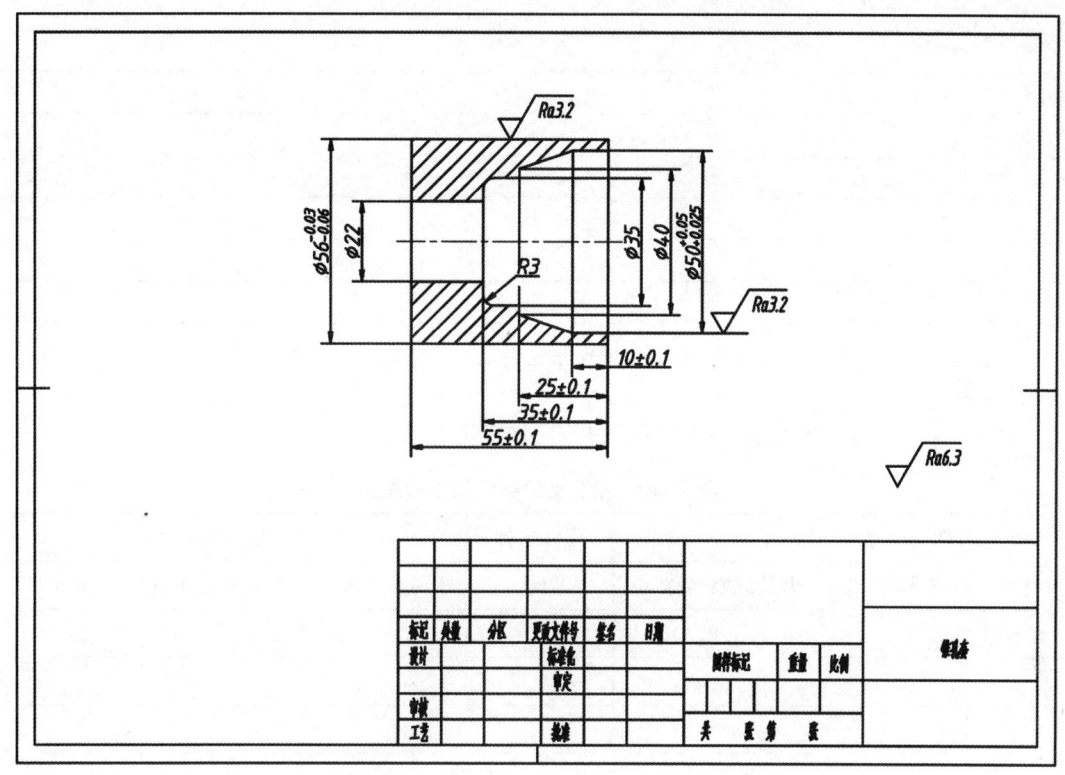

图 4-15　锥孔套

(2) 加工此工件对刀杆有什么要求？
(3) 内孔产生锥度的原因是什么？应如何解决？
(4) 内孔表面粗糙度高的原因是什么？应如何解决？
(5) 麻花钻如何对刀？
(6) 加工该零件要不要设置刀尖圆弧半径补偿？为什么？
(7) 加工该零件时，如何选择切削用量？
(8) 工件表面出现振纹的原因是什么？

2. 计划与决策

选择刀具、量具、夹具类型，确定工件定位与夹紧方案，确定工件坐标系与编程原点、编程思路、加工进给路线方案、切削用量、相关 G 指令的应用，计算基点，确定刀具对刀方案，确定尺寸检测步骤，确定机床的保养工作步骤与小组成员分工。

3. 实施

(1) 选用刀具,填写表4-17所示的数控加工刀具卡。

表4-17 锥孔套的数控加工刀具卡

产品名称或代号		零件名称		零件图号	
序号	刀具号	刀具规格名称	数量	加工表面	刀尖半径/mm	备注
1						
2						
3						
编制		审核		批准		第 页 共 页

(2) 安排加工工序,填写表4-18所示的数控加工工序卡。

表4-18 锥孔套的数控加工工序卡

工序号		工序内容				
零件名称		零件图号	材料		夹具名称	使用设备
工步号	工步内容	刀具号	主轴转速 n/(r/min)	进给速度 f/(mm/min)	背吃刀量 a_p/mm	备注
编制		审核		批准	第 页	共 页

(3) 在表4-19中编写程序,并对程序段做注释。

表 4-19　编写程序并做注释

程序	注释

（4）操作与加工如表 4-20 所示。

表 4-20　操作与加工

开机前的检查，开机	
工件装夹	
刀具安装	
对刀操作	
录入程序并调试	
零件加工	
测量并控制尺寸	
机床、工具、量具保养与现场清扫	

4. 检查

按表 4-21 的项目与评分标准对项目实训进行检查与考核。

表 4-21 锥孔套的评分标准

姓名			零件名称	锥孔套	时间		总得分	
项目	序号	技术要求		配分	评分标准		检测记录	得分
工艺与程序（30分）	1	工艺合理		6	不合理每处扣1分			
	2	程序格式规范		6	不规范每处扣1分			
	3	程序参数选择合理		6	不合理每处扣1分			
	4	指令选用正确		6	不正确每处扣2分			
	5	程序正确、完整		6	不正确每处扣2分			
机床操作（15分）	6	零件装夹合理		3	不合理每处扣3分			
	7	刀具选择及安装正确		3	不正确每处扣1.5分			
	8	对刀及数据填写正确		3	不正确每处扣1分			
	9	机床面板操作正确		3	不正确每处扣0.5分			
	10	意外情况处理正确		3	不正确每处扣1分			
工件尺寸（50分）	11	$\phi 56_{+0.06}^{-0.03}$ mm		8	每超差0.01 mm扣2分			
	12	$\phi 50_{+0.025}^{+0.05}$ mm		8	每超差0.01 mm扣2分			
	13	$\phi 40$ mm		3	每超差0.01 mm扣1分			
	14	$\phi 35$ mm		3	每超差0.01 mm扣3分			
	15	$\phi 22$ mm		3	每超差0.01 mm扣3分			
	16	10±0.1 mm		5	每超差0.01 mm扣2分			
	17	25±0.1 mm		5	每超差0.01 mm扣2分			
	18	35±0.1 mm		5	每超差0.01 mm扣2分			
	19	55±0.1 mm		3	每超差0.01 mm扣2分			
	20	去毛刺		3	每处未去扣1分			
	21	表面粗糙度		4	每处降低一级扣1分			
文明生产（5分）	22	安全操作		2.5	违反操作规程全扣			
	23	机床整理		2.5	不合格全扣			

5. 小结与评价

按表 4-22 规定的评价项目对项目实训完成情况进行评价。小组成员各自完成"自我评价"，组长完成"小组评价"，教师完成"教师评价"。上交文件材料及产品，做好实训室5S管理。

表4-22 任务评价表

姓名		班级		学号		日期	
序号	检查项目		自我评价	小组评价	教师评价	备注	
1	遵守安全操作规范						
2	态度端正，工作认真						
3	能提前进行学习，并积极参加讨论						
4	能熟练、多渠道地查找参考资料						
5	能正确说出操作重点						
6	工作步骤执行、操作规范熟练						
7	能在规定时间内完成任务，并按要求上交（或打印）任务结果						
8	遵守纪律，积极协作						
9	做好设备保养工作						
10	做好5S管理工作						
	合计						
	总分						

注：①采用 10-9-7-5-3-0 分制给分。
②总分＝"自我评价"分数×20%＋"小组评价"分数×30%＋"教师评价"分数×50%。

思考与练习

1. 判断题

（1）高速钢内孔车刀与硬质合金内孔车刀的切削用量相同。（　　）

（2）通孔车刀和不通孔车刀的主要区别是主偏角的数值不同。（　　）

（3）数控车床的内孔车刀通过定位环安装在转塔刀架的转塔刀盘上。（　　）

（4）对于深孔件的尺寸精度，可以用塞规或游标卡尺进行检验。（　　）

（5）测量深孔表面粗糙度的常用方法是影像法。（　　）

（6）车削箱体类零件上的孔时，如果车床主轴轴线歪斜，车出的孔会产生圆度误差。（　　）

（7）由于内孔车刀的刀体强度较差，切削用量应适当减小。（　　）

（8）内孔表面粗糙度高的原因就是刀具磨损。（　　）

（9）车孔工艺灵活、适应性较广，用一把刀可将已有孔扩大到指定的直径，达到一定的精度。（　　）

2. 选择题

（1）对于配合精度要求较高的圆锥工件，一般采用（　　）进行检验。
A. 万能角度尺　　B. 角度样板　　C. 圆锥量规涂色　　D. 正弦规

（2）钻孔一般属于（　　）。
A. 精加工　　B. 半精加工　　C. 粗加工　　D. 半精加工或精加工

（3）用一次安装方法车削套类工件，如果工件发生移位，车出的工件会产生（　　）误差。
A. 同轴度、垂直度　　　　　　　B. 圆柱度、圆度
C. 尺寸精度、同轴度　　　　　　D. 表面粗糙度、同轴度

（4）加工中孔壁的振痕，与下面（　　）因素无关。
A. 镗刀杆刚性差　　　　　　　　B. 刀杆伸得过长
C. 刀具几何角度刃磨不当　　　　D. 工件夹持不当

（5）铰孔时两手用力不均匀会使（　　）。
A. 孔径缩小　　B. 孔径扩大　　C. 孔径不变　　D. 铰刀磨损

（6）车削箱体类零件上的孔时，如果车刀磨损，车出的孔会产生（　　）误差。
A. 轴线的直线度　　B. 圆柱度　　C. 圆度　　D. 同轴度

3. 简答题

（1）内孔表面粗糙度高的原因及解决方法是什么？
（2）内孔产生锥度的原因是什么？如何解决？
（3）可以用 G72 指令进行孔的粗加工吗？要注意哪些问题？
（4）简述内孔车削工艺编程要点。

4. 编程题

编写图 4-16 所示各零件的加工程序并完成加工过程，材料为棒料 2A16。

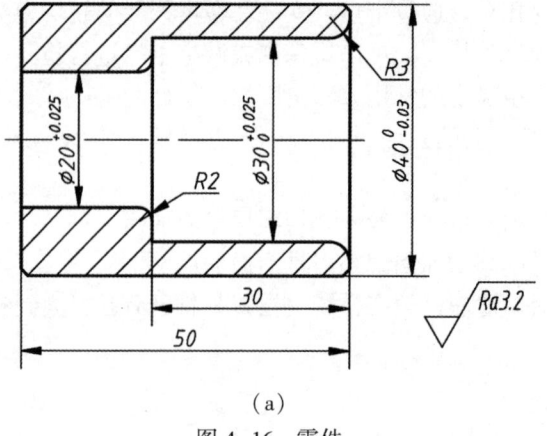

(a)

图 4-16　零件

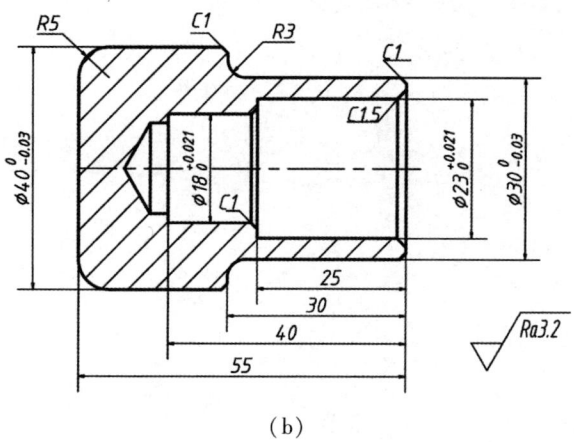

(b)

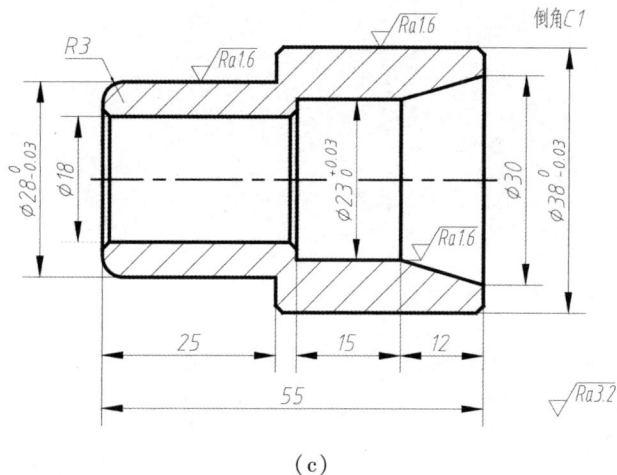

(c)

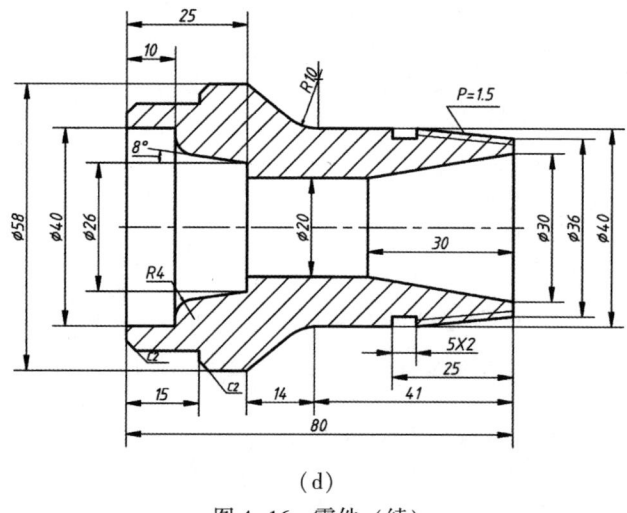

(d)

图 4-16 零件（续）

项目 5

槽的加工

任务 5.1 使用 G75 循环指令的槽加工

知识目标
(1) 了解槽加工的特点。
(2) 掌握槽加工的工艺方法。
(3) 掌握外径/内径车槽循环指令 G75。

能力目标
(1) 能正确运用 G75 等指令进行槽加工程序的编制。
(2) 能使用 G75 指令加工零件。

素养目标
(1) 培养遵纪守法、严于律己、知难而进的意志和毅力。
(2) 牢固树立质量意识、责任意识。

励志故事

大国工匠——刘伯鸣

刘伯鸣是中国一重集团有限公司锻铸钢事业部水压机锻造厂的锻造班长。他用匠心匠艺锻造大国重器，带领创新团队攻克了诸多超大、超难锻件及核电高端产品锻造工艺难关，填补了国内该领域的多项空白，打破了国外的技术垄断，为中国在超大锻件制造领域赢得了国际话语权。

5.1.1 任务描述

图 5-1 所示为槽轴，槽宽 40 mm。该零件生产类型为单件生产。要求正确设定工件坐

标系，制订加工工艺方案，选择合理的切削工艺参数，正确编制数控加工程序并完成该零件上槽的加工。材料为45钢。

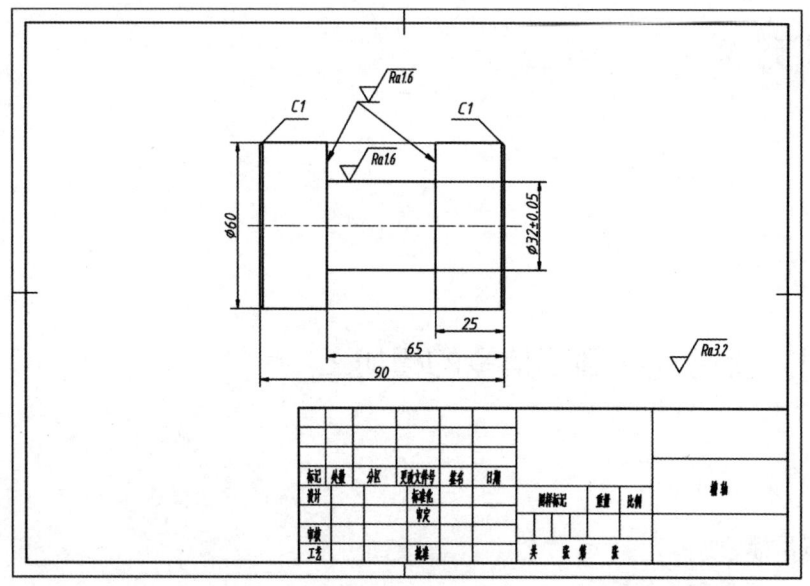

图 5-1 槽轴

5.1.2 知识准备

1. 槽及其切削工艺

（1）槽的种类

根据形状结构特点，槽可以分为单槽、多槽、宽槽、深槽及异形槽等类型。

（2）切槽加工的特点

①切削变形大。在切槽过程中，由于切槽刀的主切削刃和左右的副切削刃可以同时参加切削，切屑在排出时，受到槽两侧的摩擦和挤压，切削变形大。

②切削力大。在切槽过程中，由于切屑与刀具、工件的摩擦，以及被切金属的塑性变形大，所以在切削用量相同的条件下，切槽时的切削力也比一般车外圆时的切削力大20%~25%。

③切削热较多。在切槽时，由于塑性变形大且摩擦剧烈，故产生的切削热更多，这会加剧刀具的磨损。

④刀具刚性差。通常切槽刀的主切削刃宽度较窄（一般为 2~6 mm），且刀头狭长，因此刀具的刚性较差，在切断过程中容易产生振动。

（3）切槽时的进刀方式

外圆切槽与内沟槽加工的进刀方式相似，具体如下。

①对于较窄、较浅且精度要求不高的槽，可运用 G01 指令，并使用与槽等宽的切槽刀，采用一次切入成形的方法进行加工。一般切削至槽底后，使用暂停指令 G04 修正槽底圆度误差，然后以工作进给速度退出。

例 5-1 如图 5-2 所示，槽的宽度为 3 mm，深度为 2 mm，使用与槽等宽的切槽刀进行加工，其数控加工程序如下：

```
O5001;
……
N30 T0202;选择2号刀并调用2号刀补
N35 M03 S600;
N40 G00 X30.0 Z-25.0;到达切削起点
N45 G98 G01 X18.0 F30;进刀至凹槽底部
N50 G04 X0.4;在槽底暂停0.4 s
N55 G01 X30.0 F100;从槽底退刀
N60 G00 X100.0 Z100.0;
N65 M05;
……
```

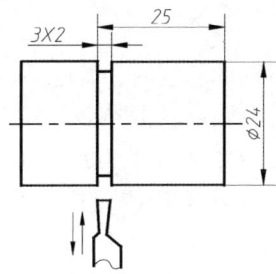

图 5-2　较窄、较浅且精度要求不高的槽的进刀方式示例

②对于较窄、较深且精度要求较高的槽，可先用较窄的切槽刀进行粗车，再用刀头宽度与槽宽相等的切槽刀进行精车。在粗车时，为了避免因排屑不畅而导致刀具前部压力过大，进而出现扎刀和刀具折断的情况，应采用往复进刀的加工方式。具体而言，往复进刀就是当刀具在切入工件一定深度后，停止进刀并回退一段距离，以实现断屑和排屑的目的，如图 5-3 所示。

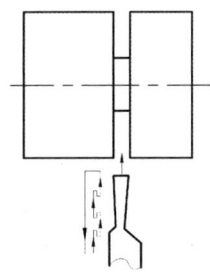

图 5-3　较窄、较深且精度要求较高的槽的进刀方式示例

③对于较宽且精度要求较高的宽槽（通常把大于一个车刀宽度的槽称为宽槽，宽槽的宽度、深度等精度要求及表面质量要求一般较高），可先采用排刀的方式进行粗车，然后使用精切槽刀沿槽的一侧切削至槽底，并对槽底至槽的另一侧进行精加工，最后再沿侧面退刀。宽槽的切削方式如图 5-4 所示。若是深度较浅的宽槽，可先使用内圆粗车刀切削出

凹槽，再用内切槽刀加工沟槽两端的垂直面。

④对于异形槽，一般先采用切槽刀切削出直槽，然后使用循环（固定循环或复合循环）切削指令切削轮廓。

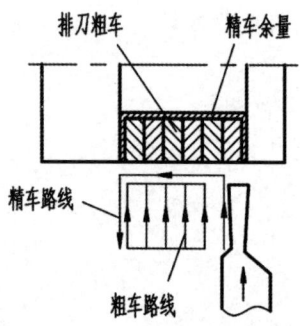

图 5-4　宽槽的切削方式

(4) 槽加工切削用量的选择

①背吃刀量 a_p。在切槽刀进行横向切削时，背吃刀量 a_p 等于刀的主切削刃的宽度。

②进给速度 f。由于刀具的刚性、强度及散热条件较差，应适当减小进给量以避免不良后果。进给量应设置合理，进给量太大，容易使刀具折断；进给量太小，会使刀具与工件产生剧烈摩擦从而引起振动。一般用高速钢切槽刀切削钢料时，进给速度 f 设置为 0.05～0.1 mm/r；切削铸铁料时，进给速度 f 设置为 0.1～0.2 mm/r。当用硬质合金刀加工钢料时，进给速度 f 设置为 0.1～0.2 mm/r；加工铸铁料时，进给速度 f 设置为 0.15～0.25 mm/r。

③切削速度 v_c。在进行槽加工或切断操作时，随着刀具的切入，实际切削速度会逐渐降低。因此，在选择切削速度时，可以适当偏高一些以弥补这一降低。具体来说，使用高速钢切槽刀切削钢料时，切削速度 v_c 的选择范围为 30～40 m/min；切削铸铁料时，切削速度 v_c 的选择范围为 15～25 m/min。若使用硬质合金刀具切削钢料时，切削速度 v_c 的选择范围为 80～120 m/min；切削铸铁料时，切削速度 v_c 的选择范围为 60～100 m/min。

2. 外径/内径车槽循环指令 G75

格式：

G75 R (<u>e</u>);

G75 X (U) ___ Z (W) ___ P (<u>Δi</u>) Q (<u>Δk</u>) R (<u>Δd</u>) F ___;

说明：

①e 表示每次切削循环后 X 轴方向的退刀量（半径值）。

②X、Z 后的值表示切槽终点在工件坐标系中的绝对坐标值。

③U、W 后的值表示切槽终点相对于循环起点的增量坐标值。

④Δi 表示 X 轴方向的每次背吃刀量（半径值），单位为 μm。

⑤Δk 表示 Z 轴方向的每次切削移动量，单位为 μm。

⑥Δd 表示在切削至终点时，Z 轴方向的退刀量。

⑦F 后的值表示进给速度。

外径/内径车槽循环指令 G75 在 X 轴方向可以实现断屑加工，还可以实现 X 轴方向切槽。其刀具切削轨迹如图 5-5 所示。

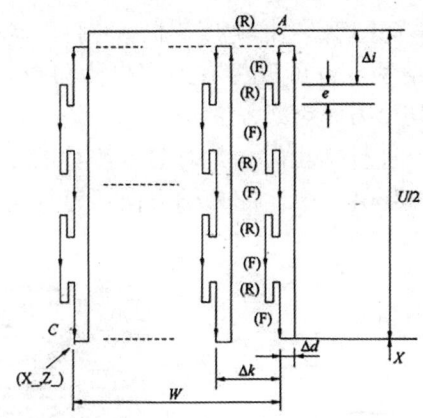

图 5-5 外径/内径车槽循环的刀具切削轨迹
R—快速运动；F—切削运动

视频：G75 外径/内径车槽循环

3. 暂停指令 G04

格式：

G04 P____（X____）；

说明：

①P 后的值表示暂停时间，单位为 ms；X 后的值也表示暂停时间，单位为 s。例如：G04 P2000 和 G04 X2 均表示暂停 2 s。

②G04 指令是非模态指令。

4. 切槽刀的对刀

在安装切槽刀时，切槽刀的中心线必须与工件的中心线互相垂直，以保证副偏角对称；底平面应平整，以保证两个副后角对称。

切槽刀有两个刀尖，因此在对刀时有两个刀位点，如图 5-6 所示。在对刀时，要确保 X 轴方向的刀补值输入正确，以防加工的槽发生错位。

图 5-6 切槽刀刀位点

在编制车槽程序时，需考虑切槽刀的宽度。根据零件形状或编程习惯的不同，既可以将左刀尖作为刀位点进行编程，也可以将右刀尖作为刀位点进行编程。下面以刀宽为 4 mm 的切槽刀为例，讲解切槽刀的对刀方法。

①将左刀尖作为刀位点进行编程时，其对刀方法如图 5-7 和图 5-8 所示。此时在"刀具补正/几何"界面的"G001"中，将 Z 轴方向的刀补值设置为"Z0"，然后按下软键 [测量]。车槽起点坐标为 (50，-11)。

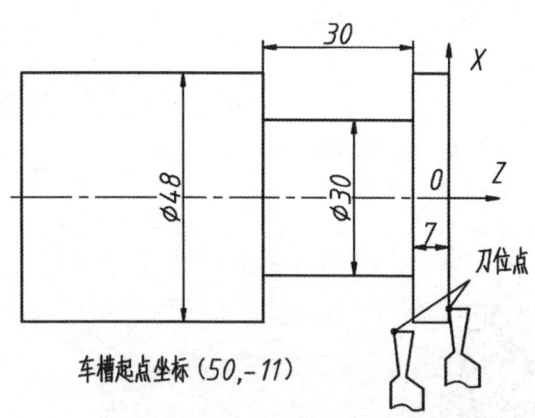

图 5-7 刀位点为左刀尖时的情景

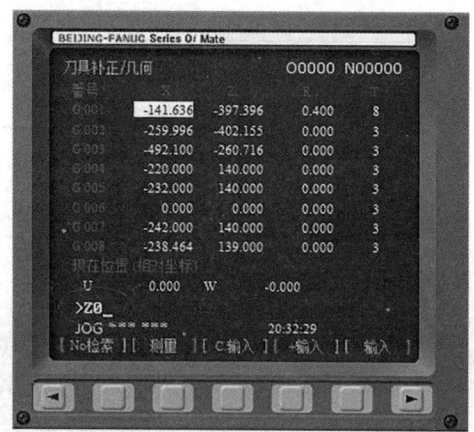

图 5-8 左刀尖编程时的 Z 轴方向刀补值

②将右刀尖作为刀位点进行编程时，其对刀方法如图 5-9 和图 5-10 所示。此时在"刀具补正/几何"界面的"G001"中，将 Z 轴方向的刀补值设置为"Z4.0"，然后按下软键 [测量]。车槽起点坐标为 (50，-7)。

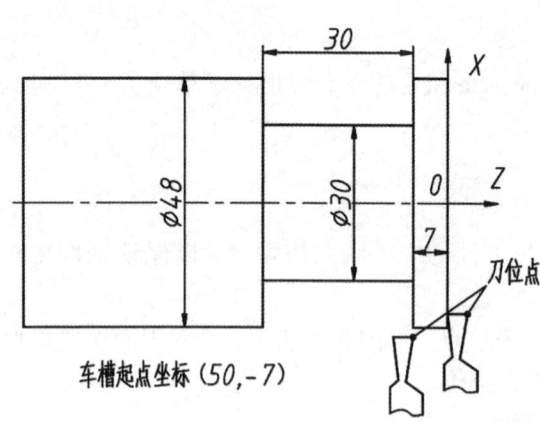

图 5-9 刀位点为右刀尖时的情景

图 5-10 右刀尖编程时的 Z 轴方向刀补值

5.1.3 方案设计

1. 小组分工

教师引导学生进行小组分工，组长根据实际情况填写表 5-1。

表 5-1　小组分工

小组信息	班级名称			日　期	
	小组名称			组长姓名	
	岗位分工				
	成员姓名				

2．讨论工作计划

小组成员共同讨论工作计划，分析并列出本次任务中的操作重点。

（1）零件结构分析

①零件的轮廓由圆柱面与宽槽组成。

②本道工序内容为完成零件上宽 40 mm、深 14 mm 的槽的加工。

（2）数控车削加工工艺分析

①装夹方案与夹具。采用三爪自定心卡盘装夹 φ60 mm 的外圆表面。

②加工方法。在一次装夹中完成全部槽的加工内容，可分多次进刀，以利于断屑，并留出精加工余量，最后精车槽的侧面和槽底直至达到尺寸。

③刀具选择。宽 4 mm 的切槽刀。

④切削用量。如表 5-2 所示。

（3）确定编程原点与编程思路

①设置编程原点。选取工件右端面中心为编程原点。将切槽刀的左刀尖作为刀位点进行对刀。

②编程思路。槽的粗车程序用 G75 指令编写，精车程序用 G01 指令编写。

（4）确定加工进给路线

①设计循环起点。槽的粗车循环起点为（62，-29.1），精车循环起点为（62，-29）。

②设计进给路线。以 G75、G90 及 G01 的路线走刀。

（5）填写数控加工工序卡

填写表 5-2 所示的数控加工工序卡。

表 5-2　槽轴的数控加工工序卡

工序号	01		工序内容		右端	
零件名称		零件图号	材料		夹具名称	使用设备
槽轴		图 5-1	45 钢		三爪自定心卡盘、开缝套筒	数控车床
工步号	工步内容	刀具号	主轴转速 n/（r/min）	进给速度 f/（mm/min）	背吃刀量 a_p/mm	备注
1	粗车外槽	T0303	400	0.1	4	自动
2	精车外槽	T0303	500	0.08	0.1	自动
编制		审核	批准		第　页	共　页

5.1.4 任务实施

1. 编写加工程序

依据方案设计中选取的编程原点,编制槽轴的加工程序。参考程序如表 5-3 所示。

表 5-3 槽轴的槽的加工参考程序

加工程序	程序注释
O5002;	程序号
T0303;	选择 3 号刀并调用 3 号刀补
M03 S400;	主轴正转,转速为 400 r/min
G00 X62.0 Z-29.1 M08;	移至粗车循环起点,槽侧面预留精车余量 0.1 mm,打开冷却液
G75 R2.0;	使用 G75 指令开始切槽循环,槽底直径为 32.2 mm,Z 轴方向切削到 -64.9 mm,留精车余量 0.1 mm;X 轴方向每次切入深度为 3 mm,Z 轴方向每次切削移动量为 3.9 mm,进给速度为 0.1 mm/min
G75 X32.2 Z-64.9 P3000 Q3900 F0.1;	
G00 X100.0 Z200.0 M09;	快速移动到点 (100, 200),关闭冷却液
M05;	主轴停止
M00;	程序暂停,测量并修调磨耗值
T0303;	选择 3 号刀并调用 3 号刀补
M03 S500;	主轴正转,转速为 500 r/min
G01 X62.0 Z-29.0 F0.3;	移至精车循环起点,进给速度为 0.3 mm/min
X32.0 F0.08;	精车槽右侧面,进给速度为 0.08 mm/min
Z-65.0;	精车槽底
X60.0;	精车槽左侧面
G00 X100.0 Z200.0;	

2. 零件的加工

(1) 开机回参考点,进行机床检查。

(2) 装夹工件。将工件置于三爪自定心卡盘中,找正后夹紧。对外圆柱面进行初步切削,切削完后将工件掉头,找正后再次夹紧。

(3) 对端面进行切削,钻中心孔。

(4) 装夹刀具。装夹 93°外圆车刀、切槽刀。

(5) 对刀。对 93°外圆车刀、切槽刀进行对刀操作。注意切槽刀对刀的 Z 轴方向刀位点应与程序中设定的刀位点一致。

(6) 输入程序并调试。

(7) 在自动运行模式下运行加工程序。

(8) 测量工件,并根据测量结果对磨耗值进行修正。

(9) 执行精加工,以保证工件精度。

(10) 加工完成后,将工件从卡盘上卸下,清理机床。

5.1.5 检查评估

槽轴上槽的编程与加工评分标准如表 5-4 所示。

表 5-4 槽轴上槽的编程与加工评分标准

姓名			零件名称		槽轴	时间		总得分	
项目	序号	技术要求		配分	评分标准		检测记录		得分
工艺与程序 (30分)	1	工艺合理		6	不合理每处扣1分				
	2	程序格式规范		6	不规范每处扣1分				
	3	程序参数选择合理		6	不合理每处扣1分				
	4	指令选用正确		6	不正确每处扣2分				
	5	程序正确、完整		6	不正确每处扣2分				
机床操作 (15分)	6	零件装夹合理		3	不合理每处扣3分				
	7	刀具选择及安装正确		3	不正确每处扣1.5分				
	8	对刀及坐标系设定正确		3	不正确每处扣1分				
	9	机床面板操作正确		3	不正确每处扣0.5分				
	10	意外情况处理正确		3	不正确每处扣1分				
工件尺寸 (50分)	11	$\phi32$ mm±0.05 mm		6	每超差0.01 mm扣2分				
	12	$\phi60$ mm		6	每超差0.01 mm扣2分				
	13	25 mm		6	每超差0.01 mm扣2分				
	14	65 mm		6	每超差0.01 mm扣2分				
	15	90 mm		6	每超差0.01 mm扣2分				
	16	C1 两处		6	1处不合格扣1分				
	17	去毛刺		6	每处未去扣3分				
	18	表面粗糙度		8	每处降低一级扣2分				
文明生产 (5分)	19	安全操作		2.5	违反操作规程全扣				
	20	机床整理		2.5	不合格全扣				

5.1.6 项目实训

编制图 5-11 所示的内沟槽的加工程序并完成加工。

要求:采用 G75 指令进行编程。

1. 思考

(1) 该零件的结构特征是什么?可以采用 G75 指令进行编程吗?

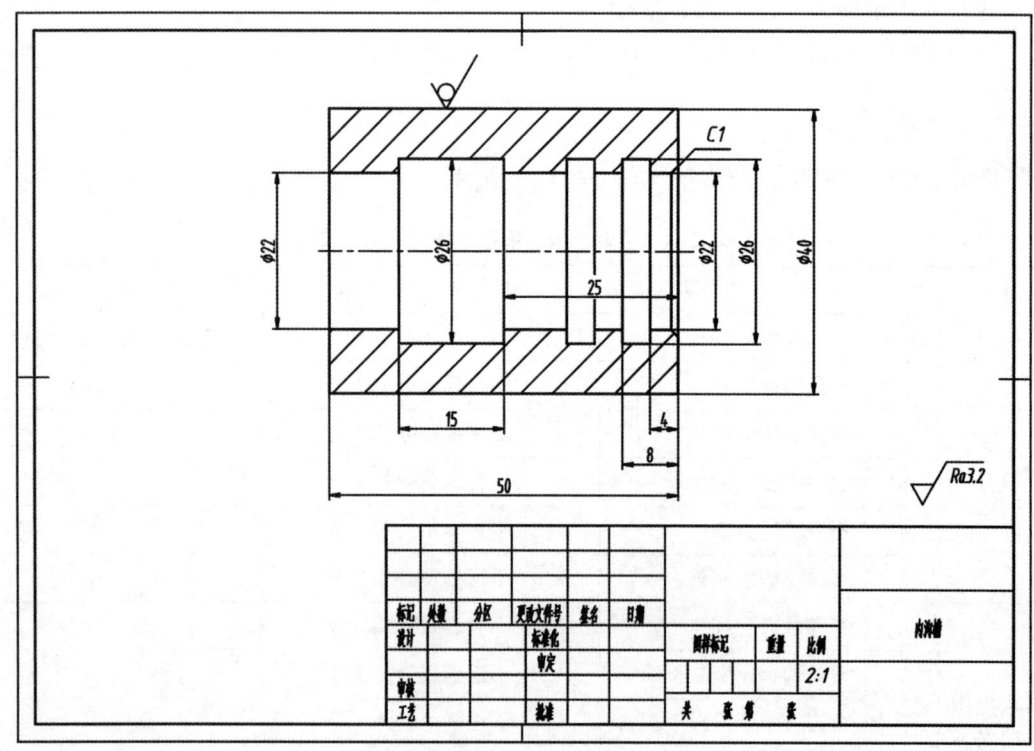

图 5-11　内沟槽

（2）可以采用宽 4 mm 的切槽刀吗？
（3）刀具的切削起点设定在哪个位置较为合适？
（4）G75 指令中的参数有哪些？请逐一列举。
（5）采用 G75 指令编程时，各槽的槽底坐标值需要计算吗？
（6）采用 G75 指令编程时，需要知道哪些槽的槽底坐标值？
（7）如何进行切槽刀的对刀？
（8）如何选择切槽加工的切削用量？
（9）如何测量槽的尺寸？

2. **计划与决策**

选择刀具、量具、夹具类型，确定工件定位与夹紧方案，确定工件坐标系与编程原点、编程思路、加工进给路线方案、切削用量、相关 G 指令的应用，计算基点，确定尺寸检测步骤，确定机床的保养工作步骤与小组成员分工。

3. 实施

(1) 选用刀具,填写表 5-5 所示的数控加工刀具卡。

表 5-5 内沟槽的数控加工刀具卡

产品名称或代号			零件名称		零件图号		
序号	刀具号	刀具规格名称	数量	加工表面	刀尖半径/mm	备注	
1							
2							
3							
编制		审核		批准		第 页	共 页

(2) 安排加工工序,填写表 5-6 所示的数控加工工序卡。

表 5-6 内沟槽的数控加工工序卡

工序号		工序内容					
零件名称		零件图号		材料		夹具名称	使用设备
工步号	工步内容	刀具号	主轴转速 $n/$(r/min)	进给速度 $f/$(mm/min)	背吃刀量 $a_p/$mm	备注	
编制		审核		批准		第 页	共 页

(3) 在表 5-7 中编写程序，并对程序段做注释。

表 5-7　编写程序并做注释

程序	注释

(4) 操作与加工如表 5-8 所示。

表 5-8　操作与加工

机床运行前的检查	
工件装夹	
刀具安装	
对刀操作	
录入程序并调试	
零件加工	
测量	
机床、工具、量具保养与现场清扫	

4. 检查

按表 5-9 的项目与评分标准对项目实训进行检查与考核。

表 5-9　内沟槽的评分标准

姓名			零件名称		内沟槽	时间		总得分	
项目	序号	技术要求		配分	评分标准		检测记录		得分
工艺与程序（30分）	1	工艺合理		6	不合理每处扣1分				
	2	程序格式规范		6	不规范每处扣1分				
	3	程序参数选择合理		6	不合理每处扣1分				
	4	指令选用正确		6	不正确每处扣2分				
	5	程序正确、完整		6	不正确每处扣2分				
机床操作（15分）	6	零件装夹合理		3	不合理每处扣3分				
	7	刀具选择及安装正确		3	不正确每处扣1.5分				
	8	对刀及数据填写正确		3	不正确每处扣1分				
	9	机床面板操作正确		3	不正确每处扣0.5分				
	10	意外情况处理正确		3	不正确每处扣1分				
工件尺寸（50分）	11	φ26 mm 三处		12	每超差0.01 mm扣2分				
	12	φ22 mm		3	每超差0.01 mm扣1分				
	13	50 mm		3	每超差0.01 mm扣3分				
	14	25 mm		5	每超差0.01 mm扣1分				
	15	15 mm		5	每超差0.01 mm扣1分				
	16	4 mm 两处		8	每超差0.01 mm扣1分				
	17	8 mm 两处		8	每超差0.01 mm扣1分				
	18	Ra3.2 μm		2	每处降低一级扣1分				
	19	C1		2	不符全扣				
	20	去毛刺		2	一处未去扣1分				
文明生产（5分）	21	安全操作		2.5	违反操作规程全扣				
	22	机床整理		2.5	不合格全扣				

5. 小结与评价

按表 5-10 规定的评价项目对学生项目实训进行评价。小组成员各自完成"自我评价"，组长完成"小组评价"，教师完成"教师评价"。上交文件材料及产品，做好实训室 5S 管理。

表 5-10 任务评价表

姓名		班级		学号		日期	
序号	检查项目		自我评价	小组评价	教师评价	备注	
1	遵守安全操作规范						
2	态度端正，工作认真						
3	能提前进行学习，并积极参加讨论						
4	能熟练、多渠道地查找参考资料						
5	能正确说出操作重点						
6	工作步骤执行、操作规范熟练						
7	能在规定时间内完成任务，并按要求上交（或打印）任务结果						
8	遵守纪律，积极协作						
9	做好设备保养工作						
10	做好 5S 管理工作						
	合计						
	总分						

注：①采用 10-9-7-5-3-0 分制给分。
②总分＝"自我评价"分数×20%＋"小组评价"分数×30%＋"教师评价"分数×50%。

思 考 与 练 习

1. 判断题

（1）G75 循环指令执行过程中，X 轴方向每次切深量均相等。（　　）
（2）G75 循环指令中 Z 轴方向的偏移方向，由指令中参数 P 后的正负号确定。（　　）
（3）切槽刀有两个刀位点。（　　）
（4）切槽刀对刀的刀位点应与程序中设定的刀位点一致。（　　）
（5）只要切槽的程序正确，工件就是合格的。（　　）
（6）车槽加工程序中不需要说明切槽刀的刀位点。（　　）

2. 选择题

（1）G75 指令主要用于（　　）的加工，以便断屑和排屑。
A. 槽　　　　　　B. 孔　　　　　　C. 棒料　　　　　　D. 间断端面
（2）采用固定循环编程，可以（　　）。
A. 加快切削速度，提高加工质量　　B. 缩短程序的长度，减少程序所占内存
C. 减少换刀次数，提高切削速度　　D. 减少吃刀深度，保证加工质量

(3) 关于"G75 R (*e*); G75 X (U) ____ Z (W) ____ P (Δ*i*) Q (Δ*k*) R (Δ*d*) F ____;"中的 P (Δ*i*) 描述不正确的是（　　）。
A. 每次切深量　　　B. 直径量　　　D. 始终为正值　　　D. 不带小数点
(4) 车槽过程中容易产生振动现象，往往是（　　）选择不当造成的。
A. 切削用量　　　B. 刀具角度　　　C. 刀具材料　　　D. 工件材料
(5) 切断刀的主切削刃太宽，切削时容易产生（　　）。
A. 弯曲　　　B. 扭转　　　C. 刀痕　　　D. 振动

3. 简答题

(1) 使用 G75 指令车槽时要注意哪些问题？
(2) 简述车槽工艺编程要点。
(3) 加工内凹槽时要注意什么？

4. 编程题

完成图 5-12 所示的等距槽零件的编程并完成加工过程。

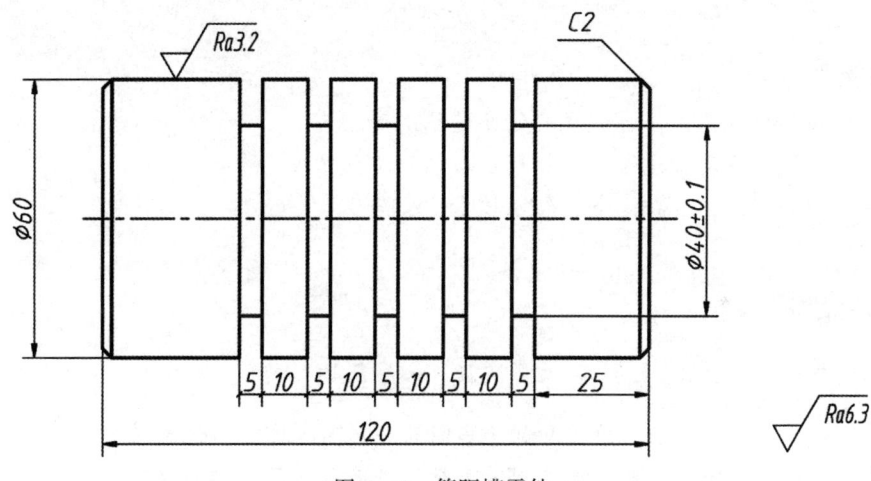

图 5-12　等距槽零件

任务 5.2 使用子程序的槽加工

知识目标

（1）掌握槽加工的精度控制。
（2）进一步掌握刀具偏置的应用知识。
（3）掌握子程序调用指令。

能力目标

（1）能进行槽的精加工程序的编制，并对槽进行加工。
（2）能正确运用子程序进行程序的编制。

素养目标

（1）培养规范意识，自觉践行行业道德规范。
（2）牢固树立质量意识，培养精益求精的工匠精神。
（3）遵规守纪，爱护设备，钻研技术，安全生产。

励志故事

大国工匠——李凯军

李凯军是一汽铸造有限公司模具制造车间的一名高级技师。他刻苦钻研模具制造专业知识，练就了精湛的钳工技术，加工制造了数百种优质模具。尤为值得一提的是，他出色地完成了重型车变速箱壳体等高难度压铸模具的制造，展现了我国在高、精、尖复杂模具加工领域的实力。

5.2.1 任务描述

图 5-13 所示为等距槽轴，槽宽 30 mm。该零件毛坯尺寸为 $\phi40$ mm×120 mm，生产类型为单件生产。要求正确设定工件坐标系，制订加工工艺方案，选择合理的切削工艺参数，正确编制数控加工程序并完成该零件的加工。毛坯材料为 45 钢。

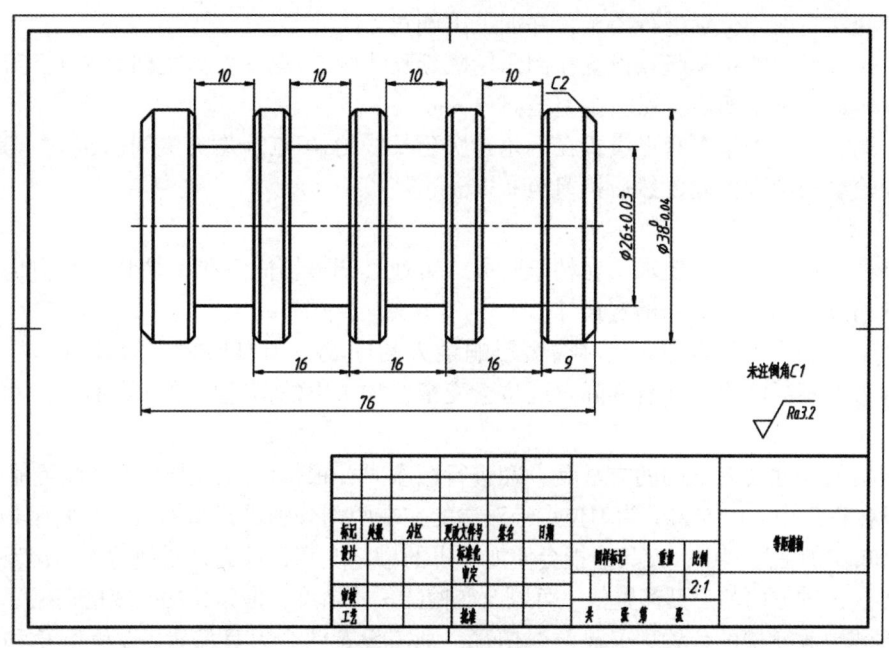

图 5–13 等距槽轴

5.2.2 知识准备

1. 槽的精加工

（1）槽的精加工方法

以简单的进退刀方式加工出来的槽的侧面比较粗糙，外部拐角尖锐，且槽的宽度受限于刀具的宽度及磨损程度。因此，简单的进退刀方式并不能满足大多数的槽加工要求。

高质量的槽需要经过粗、精加工。在粗加工时，选用宽度小于槽宽的刀具切除大部分余量，并在槽侧及槽底留出精加工余量；再对槽侧及槽底进行精加工。

在图 5–14（a）所示的工件中，槽由尺寸 20 mm 定位，槽宽 4 mm，槽深至 $\phi24$ mm，槽口有倒角 $C1$。

拟使用刃宽为 3 mm（小于槽宽）的切槽刀进行粗车，刀具起点设置在 S_1 点（32，–19.5）。切槽刀按照图 5–14（b）所示的方式向下切除粗加工区域，同时在槽侧及槽底预留 0.5 mm 的精加工余量。

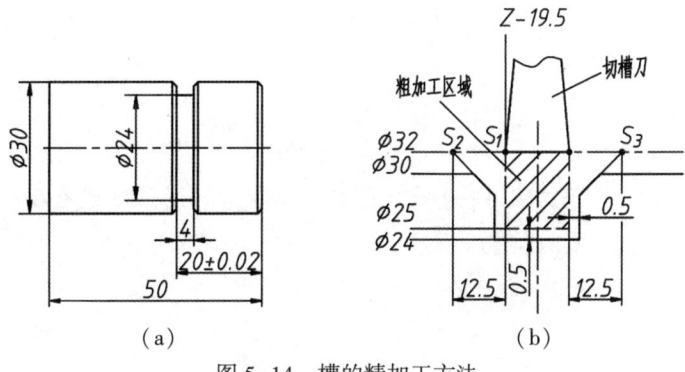

图 5–14 槽的精加工方法

对槽的左右两侧分别进行精车，并加工出倒角 C1。

槽左侧及倒角的精车起点设置在倒角轮廓延长线的 S_2 点（左刀尖到达 S_2），刀具沿倒角和侧面轮廓切削至槽底，然后抬刀至 ϕ32 mm。

槽右侧及倒角的精车起点设置在倒角轮廓延长线的 S_3 点（右刀尖到达 S_3），刀具沿倒角和侧面轮廓切削到槽底，然后抬刀至 ϕ32 mm。

（2）槽的公差控制

如果槽有严格的公差要求，在精车阶段，可通过调整切槽刀在 X 轴和 Z 轴方向的偏置值，得到精度较高的槽深和槽宽尺寸。

在加工过程中，经常遇到且对槽宽影响最大的问题是刀具磨损。随着刀具的持续使用，切削刃会不断磨损，并且实际宽度也会变窄，加工出的槽宽尺寸可能不在尺寸公差范围内。

控制槽的尺寸公差范围的方法是：在进行精车时，根据测量的误差调整偏置值。

假设在程序中，以左刀尖为刀位点，对槽的左右两侧分别进行精加工，并使用相同的偏移量。已知在加工过程中，刀具磨损会使加工出的槽宽变窄，那么在不换刀的情况下，正向或负向调整 Z 轴方向的刀具偏置值，可以改变槽的位置精度，但是无法改变槽宽尺寸。

如果既想改变槽的位置，又想改变槽宽，则需设置两个刀具偏置。左侧倒角和左侧面使用一个刀具偏置（编号为02），右侧倒角和右侧面则使用另一个刀具偏置（编号为12）。这样一来，调整 02 号刀具偏置，便可调节槽宽精度；调整 12 号刀具偏置，便可调节槽的位置精度。

（3）槽的精加工程序

槽的精加工程序如下：

```
O5003；
……
N50 T0202；调用 2 号刀及 02 号刀具偏置
N52 M03 S400；主轴正转，转速为 400 r/min
N54 G00 X32.0 Z-19.5；刀具的左刀尖到达 S₁
N56 G01 X25.0 F0.2；
N58 G00 X32.0；刀具的左刀尖回到 S₁
N60 W2.5；切削槽左侧（02 号刀具偏置），刀具的左刀尖到达 S₂
N62 G01 U-4.0 W2.0 F0.2；
N64 X24.0；
N66 Z-19.5；
N68 X32.0 F0.3；
N70 W2.0；
N72 T0212；调用 2 号刀及 12 号刀具偏置，切削槽右侧，刀具的右刀尖到达 S₁
N74 G01 U-4.0 W-2.0 F0.1；
N76 X24.0；
N78 Z-19.5；
```

```
N80 X32.0 Z-19.5 F0.2；
N82 T0202；重新调用02号刀具偏置
N84 G00 X100.0 Z100.0；
N86 M05；
N88 M30；
```

基于程序 O5003，编写设置两个刀具偏置的程序应注意以下几点：

①两个刀具偏置的初始值应相等，即程序 O5003 中的 02 号刀具偏置和 12 号刀具偏置有相同的 X、Z 值。

②在程序 O5003 中，02 号刀具偏置与 12 号刀具偏置在 X 轴方向设置的刀具偏置值总是相同的，调整两个刀具偏置在 X 轴方向的刀具偏置值可以控制槽深度的公差。

③要调整槽左侧面的位置精度，则改变 02 号刀具偏置的 Z 值。

④要调整槽右侧面的位置精度，则改变 12 号刀具偏置的 Z 值。

2. 子程序的概念

当某些相同或相似的加工内容在一个加工程序中反复出现，或在多个程序中都需要使用时，为了简化程序和提高效率，可把这些内容的程序单独列出，并按一定的格式编写成一个简化的程序，这个简化的程序就叫作子程序。

子程序被存储在 CNC 系统中，不可以作为独立的加工程序使用，但可以被主程序反复调用，完成加工中的局部动作。子程序执行结束后，系统会自动返回主程序继续执行后续的操作。

主程序可以调用子程序，同时一个子程序也可以调用下一级的子程序。当主程序中调用了一个子程序时，称为一重嵌套；如果在该子程序中又调用了另一个子程序，则称为二重嵌套（如图 5-15 所示）。FANUC 系统只允许四重嵌套。子程序必须在主程序编写结束后建立，其作用相当于一个固定循环。

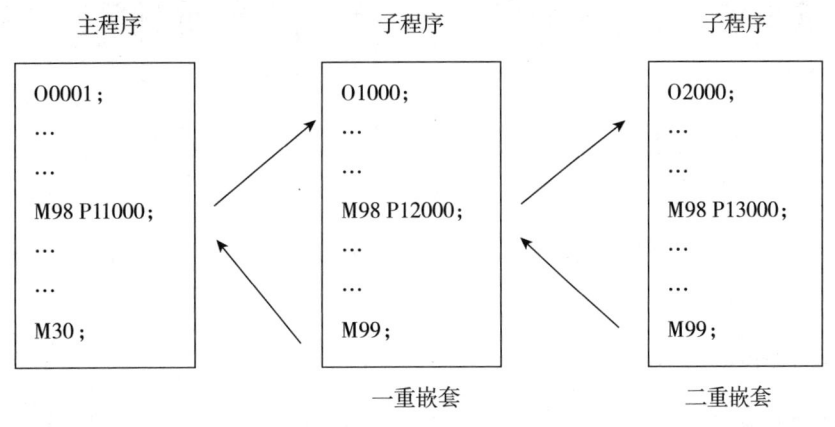

图 5-15 子程序的嵌套

（1）子程序的调用

格式：

M98 P△△△△××××；

说明：

前四位数△△△△为重复调用次数（最多调用9999次；如果调用1次，则可直接省略）。后四位数××××为被调用的子程序号。

例如，M98 P20010 的含义是：调用 O0010 号子程序 2 次。

（2）子程序的格式

子程序和主程序在程序名及程序内容的编写方面基本相同，但结束标记不一样。主程序用 M30 或 M02 表示程序结束，而子程序则用 M99 表示程序结束并继续执行主程序。另外，在重复执行子程序的过程中，刀具的运动轨迹一般也会规律地变化，所以子程序一般采用增量值编程。子程序的格式举例如下：

```
O5004;
G00 W-18.0;
G01 X25.0;
……
M99;
```

（3）子程序应用举例

如图 5-16（a）所示，工件右端双点画线与粗实线包围部分的加工，采用调用子程序的方法进行径向分层切削，背吃刀量为 3 mm（直径值），留精车余量 1 mm。最后一次粗车加工的刀具运动轨迹为 A_6—B_6—C_6—D_6—E_6—F_6—G_6，如图 5-16（b）所示。

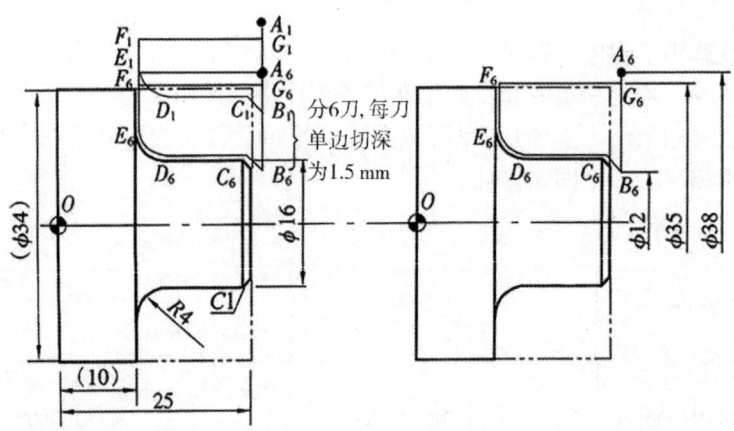

（a）子程序分层切削　　（b）子程序最后一次粗车加工的刀具运动轨迹

图 5-16　子程序应用举例

所编制的主程序和子程序如下：

```
O5005; 主程序
N10 G21 G40 G97 G99; 程序初始化
N20 M03 S600 T0202; 主轴正转，转速为 600 r/min，选择 2 号刀并调用 2 号刀补
N30 G00 X54.0 Z26.0; 快速进刀至循环起点 A₁
N40 M98 P65105; 调用 O5105 号子程序 6 次，粗车后 X 轴方向留 1 mm 精车余量
```

```
N50 G00 X100.0 Z100.0；快速退刀
N60 M05；主轴停止
N70 M30；程序结束
O5105；子程序
N10 G00 U-26.0；X 轴方向快速进刀
N20 G01 U4.0 W-2.0；倒角
N30 Z14.0；车削 φ16 mm 外圆
N40 G02 U8.0 W-4.0 R4.0；车削 R4 圆弧
N50 G01 U11.0；X 轴方向退刀至下一刀在 X 轴方向的起点
N60 G00 Z26.0；Z 轴方向退刀
N70 M99；子程序结束并返回主程序
```

5.2.3 方案设计

1. 小组分工

教师引导学生进行小组分工，组长根据实际情况填写表 5-11。

表 5-11 小组分工

小组信息	班级名称			日　期	
	小组名称			组长姓名	
	岗位分工				
	成员姓名				

2. 讨论工作计划

小组成员共同讨论工作计划，分析并列出本次任务中的操作重点。

（1）零件结构分析

①零件由外圆面和等距槽组成，含有倒角。槽底精度要求较高，需精车才能达到要求。

②本零件加工内容为已加工过外圆面和端面的等距槽轴。

（2）数控车削加工工艺分析

①装夹方案与夹具。该等距槽轴零件的外圆面与槽应在一次装夹中完成，但无法完成全部加工内容，因此可采取先加工完零件右端面、外圆面与槽，再切断，掉头装夹，完成零件左端面。夹具使用三爪自定心卡盘。

②加工方法。一次装夹完成右端全部粗、精加工内容。

③刀具选择。93°外圆车刀，宽 4 mm 切槽刀。制订等距槽轴数控加工刀具卡，如表 5-12 所示。

表 5-12 等距槽轴数控加工刀具卡

产品名称或代号		零件名称		等距槽轴	零件图号	图 5-13
序号	刀具号	刀具规格名称	数量	加工表面	刀尖半径/mm	备注
1	T0101	93°外圆车刀	1	粗车及精车外圆、端面、锥面	0.4	
2	T0202	宽 4 mm 切槽刀	1	车削槽并切断	0.4	
编制		审核		批准	第 页	共 页

(3) 确定编程原点与编程思路

①设置编程原点。选取工件右端面中心为编程原点。

②编程思路。本工件的槽底需要精车才能达到精度要求，单体槽宽为 10 mm，属于较大尺寸，为了避免单次切削因切削力较大而产生振动，需要采取多刀粗加工切削的方法。

若采用外径/内径车槽循环指令 G75 进行粗加工，受刀头宽度的限制，需要多次使用 G75 指令才能完成加工；若采用 G00、G01 指令进行粗加工，加工程序会冗长、复杂。

由于工件中有多处相同的结构，为了提高效率，槽的粗、精加工程序都可采用调用子程序的方式。

(4) 确定加工进给路线

①设计循环起点。使用 G94 指令进行右端面加工、使用 G90 指令进行外圆加工的循环起点为（42，2），槽加工的循环起点为（39，2）。

②设计进给路线。右端面外圆的粗、精加工路线以 G94、G90 的循环路线走刀，槽的粗、精加工路线以槽的轮廓走刀。

(5) 确定基点坐标

如图 5-13 所示，在所设置的编程坐标系中确定各基点的坐标值。

(6) 填写数控加工工序卡

填写表 5-13 所示的数控加工工序卡。

表 5-13 等距槽轴的数控加工工序卡

工序号	01	工序内容		粗、精车外圆、端面、锥面、车槽及切断		
零件名称		零件图号	材料	夹具名称		使用设备
等距槽轴		图 5-13	45 钢	三爪自定心卡盘		数控车床
工步号	工步内容	刀具号	主轴转速 n / (r/min)	进给速度 f / (mm/min)	背吃刀量 a_p/mm	备注
1	车右端面	T0101	700	0.15	1	自动
2	粗车 $\phi38$ mm 外圆	T0101	700	0.15	1.5	自动
3	粗车外槽	T0202	700	0.1	3	自动
4	精车外槽	T0202	700	0.08	0.03	自动
5	精车外圆、倒角	T0101	1000	0.1	0.25	自动

(续表)

工步号	工步内容	刀具号	主轴转速 n/（r/min）	进给速度 f/（mm/min）	背吃刀量 a_p/mm	备注
6	切断、倒角	T0202	550	0.1	4	自动
编制		审核		批准	第　页	共　页

5.2.4 任务实施

1. 编写加工程序

依据方案设计中选取的编程原点，编制等距槽轴的加工程序。参考程序如表5-14、表5-15、表5-16所示。

表5-14 等距槽轴的加工程序（主程序）

加工程序	程序注释
O5006;	主程序号
T0101 G99;	选择1号刀（93°外圆车刀）并调用1号刀补
M03 S700;	主轴正转，转速为700 r/min
G00 X42.0 Z2.0;	1号刀快速靠近工件，移至循环起点（42,2）
G94 X-1.0 Z0.5 F0.15;	使用G94指令对工件右端面进行粗车、精车加工
Z0;	
G90 X38.5 Z-81.0 F0.15;	使用G90指令粗车外圆至ϕ38.5 mm
G00 X100.0 Z200.0;	1号刀快移到换刀点
S700 T0202;	更换2号刀（宽4 mm切槽刀）并调用2号刀补，主轴正转，转速为700 r/min
G00 X39.0 Z2.0;	车刀快速靠近工件，移至循环起点（39,2）
Z-3.0;	Z轴方向快速进刀
M08;	打开切削液
M98 P45007;	调用O5007号子程序4次，精车全部沟槽
G00 X100.0 Z200.0;	2号刀快速退刀
M09;	关闭切削液
M05;	主轴暂停
M00;	程序暂停，测量沟槽尺寸
T0101 M03 S1000;	更换1号刀并调用1号刀补，主轴正转，转速为1000 r/min
G00 X34.0 Z2.0;	1号刀快速靠近工件
G42 G01 Z0 F0.1;	Z轴方向进刀，建立刀尖圆弧半径右补偿
X38.0 Z-2.0;	加工右侧倒角

（续表）

加工程序	程序注释
Z-81.0;	精车外圆至目标尺寸
X41.0;	退刀
G00 G40 X100.0 Z200.0;	1号刀快速退刀，取消刀尖圆弧半径右补偿
T0202 S550 F0.1;	更换2号刀并调用2号刀补，主轴正转，转速为550 r/min
G00 X41.0 Z-80.0;	2号刀快速到达切断起点
M08;	打开切削液
G01 X32.0;	
G00 X39.0;	
W2.0;	加工左侧倒角，切断工件
G01 X38.0;	
X34.0 W-2.0;	
X-1.0;	
M09;	关闭切削液
G00 X100.0;	2号刀快速退刀
Z200.0;	
M05;	
M30;	主程序结束，光标返回程序头

表5-15 等距槽轴的加工参考程序（一重嵌套子程序：单槽精加工）

加工程序	程序注释
O5007;	子程序号
G00 W-10.0;	快速往左进刀10 mm
M98 P35008;	调用O5008号子程序3次，此次调用为二重嵌套子程序；3刀完成单槽粗车
G00 W10.5;	车刀快速往右移动10.5 mm，准备单槽精车
G01 X36.0 W-1.5 F0.08;	加工槽右侧倒角C1，进给速度为0.08 mm/min
X26.0;	车刀车削至槽底尺寸
W-6.0;	精车槽底尺寸至ϕ26 mm±0.03 mm
X39.0;	X轴方向退刀
G00 W-1.5;	车刀往左移动1.5 mm
G01 X36.0 W1.5 F0.08;	加工槽左侧倒角C1，进给速度为0.08 mm/min
G00 X39.0;	X轴方向退刀
M99;	子程序结束并返回主程序

表 5-16 等距槽轴的加工程序（二重嵌套子程序：单槽开粗）

加工程序	程序注释
O5008；	子程序号
G01 X26.06 F0.1；	切槽刀粗车至槽底尺寸，留精车余量 0.06 mm
G04 X0.3；	切槽刀在槽底暂停 0.3 s
G00 X39.0；	快速退刀
G00 W-3.0；	轴向进刀，每调用一次进 3 mm
M99；	子程序结束，并返回上一级程序

2. 零件的加工

（1）开机回参考点，进行机床检查。

（2）装夹工件。使用三爪自定心卡盘夹紧工件，保证一定的伸出长度（适合掉头后装夹），开启数控车床，主轴正转，在手轮模式下，对工件伸出部分用小的背吃刀量车削一刀，停机，工件掉头，找正后夹紧。

（3）对工件端面用小的背吃刀量车削一刀，再钻中心孔。

（4）对刀。对安装于刀架上的93°外圆车刀、切槽刀进行对刀操作。注意切槽刀对刀的 Z 轴方向刀位点应与程序中设定的刀位点一致。

（5）输入程序并调试。

（6）在自动运行模式下运行加工程序。

（7）测量工件，并根据测量结果对磨耗值进行修正。

（8）执行精加工，以保证工件精度。

（9）加工完成后，将工件从卡盘上卸下，清理机床。

5.2.5 检查评估

等距槽轴的编程与加工评分标准如表 5-17 所示。

表 5-17 等距槽轴的编程与加工评分标准

姓名		零件名称	等距槽轴	时间		总得分	
项目	序号	技术要求	配分	评分标准		检测记录	得分
工艺与程序（30分）	1	工艺合理	6	不合理每处扣1分			
	2	程序格式规范	6	不规范每处扣1分			
	3	程序参数选择合理	6	不合理每处扣1分			
	4	指令选用正确	6	不正确每处扣2分			
	5	程序正确、完整	6	不正确每处扣2分			

(续表)

姓名			零件名称	等距槽轴	时间		总得分	
项目	序号	技术要求		配分	评分标准		检测记录	得分
机床操作 （15分）	6	零件装夹合理		3	不合理每处扣3分			
	7	刀具选择及安装正确		3	不正确每处扣1.5分			
	8	对刀及坐标系设定正确		3	不正确每处扣1分			
	9	机床面板操作正确		3	不正确每处扣0.5分			
	10	意外情况处理正确		3	不正确每处扣1分			
工件尺寸 （50分）	11	$\phi 38_{-0.04}^{0}$ mm		6	每超差0.01 mm扣1分			
	12	$\phi 36$ mm±0.03 mm		6	每超差0.01 mm扣1分			
	13	10 mm		8	每超差0.01 mm扣1分			
	14	9 mm		2	每超差0.01 mm扣1分			
	15	16 mm		6	每超差0.01 mm扣1分			
	16	76 mm		4	每超差0.01 mm扣1分			
	17	$C1$		8	1处不合格扣1分			
	18	$C2$		2	1处不合格扣1分			
	19	表面粗糙度		8	每处降低一级扣2分			
文明生产 （5分）	20	安全操作		2.5	违反操作规程全扣			
	21	机床整理		2.5	不合格全扣			

5.2.6 项目实训

编制图5-17所示的不等距槽轴的加工程序并完成加工，毛坯尺寸为 $\phi 32$ mm×140 mm。

1. 思考

（1）该零件的结构特征是什么？可以采用G75指令进行编程吗？为什么？

（2）宽4 mm的切槽刀分两次进刀至8 mm宽可以吗？为什么？

（3）刀具的切削起点设定在哪个位置更为合适？

（4）如何测量槽的尺寸？

（5）如何控制槽底的尺寸精度？

（6）用子程序编程应注意哪些问题？

2. 计划与决策

选择刀具、量具、夹具类型，确定工件定位与夹紧方案，确定工件坐标系与编程原点、编程思路、加工进给路线方案、切削用量、相关G指令的应用，计算基点，确定尺寸

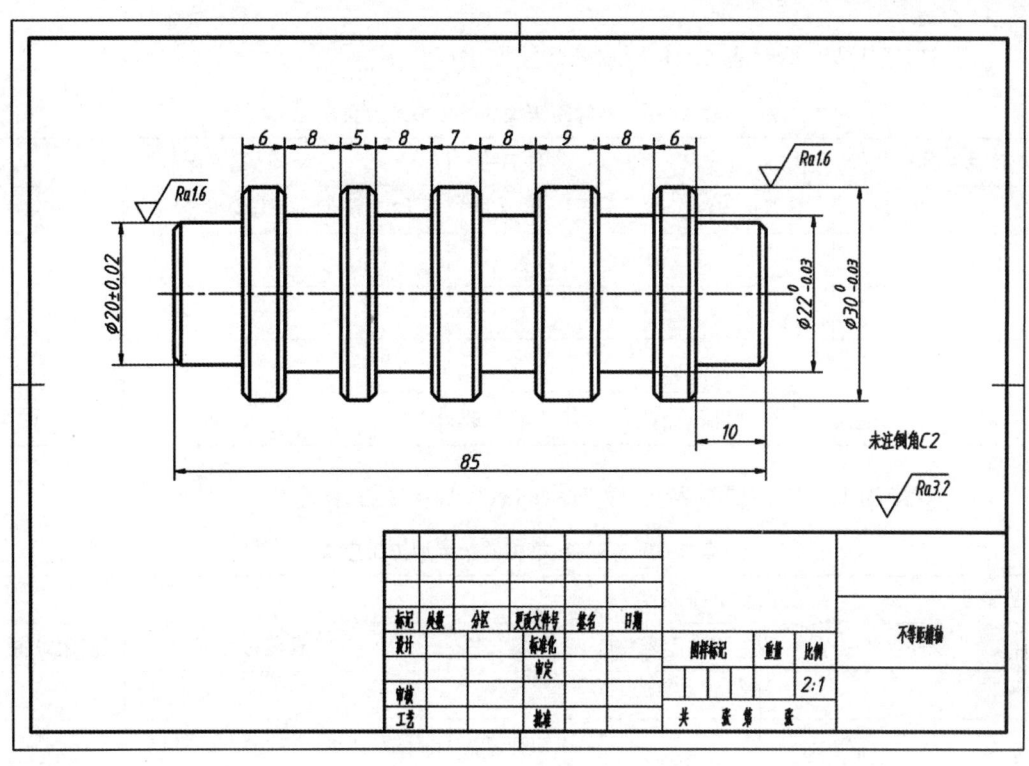

图 5-17　不等距槽轴

检测步骤，确定机床的保养工作步骤与小组成员分工。

3. 实施

(1) 选用刀具,填写表 5-18 所示的数控加工刀具卡。

表 5-18 不等距槽轴的数控加工刀具卡

产品名称或代号		零件名称		零件图号	
序号	刀具号	刀具规格名称	数量	加工表面	刀尖半径/mm	备注
1						
2						
3						
编制		审核		批准		第 页 共 页

(2) 安排加工工序,填写表 5-19 所示的数控加工工序卡。

表 5-19 不等距槽轴的数控加工工序卡

工序号		工序内容				
零件名称		零件图号		材料	夹具名称	使用设备
工步号	工步内容	刀具号	主轴转速 n/(r/min)	进给速度 f/(mm/min)	背吃刀量 a_p/mm	备注
编制		审核		批准	第 页	共 页

(3) 在表 5-20 中编写程序,并对程序段做注释。

表 5-20 编写程序并做注释

程序	注释

（续表）

程序	注释

（4）操作与加工如表 5-21 所示。

表 5-21　操作与加工

机床运行前的检查	
工件装夹	
刀具安装	
对刀操作	
录入程序并调试	
零件加工	
测量	
机床、工具、量具保养与现场清扫	

4．检查

按表 5-22 的项目与评分标准对项目实训进行检查与考核。

表 5-22 不等距槽轴的评分标准

项目	序号	技术要求	配分	评分标准	检测记录	得分
姓名		零件名称		时间	总得分	
工艺与程序（30分）	1	工艺合理	6	不合理每处扣1分		
	2	程序格式规范	6	不规范每处扣1分		
	3	程序参数选择合理	6	不合理每处扣1分		
	4	指令选用正确	6	不正确每处扣2分		
	5	程序正确、完整	6	不正确每处扣2分		
机床操作（15分）	6	零件装夹合理	3	不合理每处扣3分		
	7	刀具选择及安装正确	3	不正确每处扣1.5分		
	8	对刀及数据填写正确	3	不正确每处扣1分		
	9	机床面板操作正确	3	不正确每处扣0.5分		
	10	意外情况处理正确	3	不正确每处扣1分		
工件尺寸（50分）	11	$\phi 30_{-0.03}^{0}$ mm	4	每超差0.01 mm扣1分		
	12	$\phi 22_{-0.03}^{0}$ mm	4	每超差0.01 mm扣1分		
	13	$\phi 20$ mm±0.02 mm	4	每超差0.01 mm扣1分		
	14	8 mm 四处	8	每超差0.01 mm扣1分		
	15	6 mm 两处	6	每超差0.01 mm扣1分		
	16	9 mm	4	每超差0.01 mm扣1分		
	17	7 mm	4	每超差0.01 mm扣1分		
	18	5 mm	4	每超差0.01 mm扣1分		
	19	$Ra3.2\ \mu m$	4	每处降低一级扣1分		
	20	$Ra1.6\ \mu m$	4	每处降低一级扣1分		
	21	$C1$	4	少1处扣1分，扣完为止		
文明生产（5分）	22	安全操作	2.5	违反操作规程全扣		
	23	机床整理	2.5	不合格全扣		

5. 小结与评价

按表5-23规定的评价项目对学生项目实训进行评价。小组成员各自完成"自我评价"，组长完成"小组评价"，教师完成"教师评价"。最后学生分组上交文件材料及产品，做好实训室5S管理。

表 5-23 任务评价表

姓名		班级		学号		日期	
序号	检查项目		自我评价	小组评价	教师评价	备注	
1	遵守安全操作规范						
2	态度端正，工作认真						
3	能提前进行学习，并积极参加讨论						
4	能熟练、多渠道地查找参考资料						
5	能正确说出操作重点						
6	工作步骤执行、操作规范熟练						
7	能在规定时间内完成任务，并按要求上交（或打印）任务结果						
8	遵守纪律，积极协作						
9	做好设备保养工作						
10	做好 5S 管理工作						
	合计						
	总分						

注：①采用 10-9-7-5-3-0 分制给分。
②总分＝"自我评价"分数×20%＋"小组评价"分数×30%＋"教师评价"分数×50%。

思 考 与 练 习

1. 判断题

（1）使用子程序编程时，必须采用相对坐标或混合坐标编程。（   ）

（2）子程序的编写方式必须是增量值编程。（   ）

（3）数控机床在输入程序时，不论使用什么系统，数字后面都不必加小数点。（   ）

（4）调用子程序一次时，调用次数可不输入。（   ）

（5）FANUC 数控系统可以调用四重子程序。（   ）

（6）FANUC 数控系统中，调用子程序的指令是 M98。（   ）

（7）FANUC 数控系统中，子程序最后一行要用 M30 结束。（   ）

（8）某些情况下，子程序也可以用 M30 结束。（   ）

（9）一个主程序中只能有一个子程序。（   ）

（10）从子程序返回到主程序用指令 M99。（   ）

（11）当使用子程序调用指令"M98 P△△△△××××;"时，若 P 后的前 4 位省略，默认为调用 0 次。（   ）

2. 选择题

（1）子程序调用指令 M98 P50511 的含义为（　　）。
A. 调用 0511 号子程序 5 次　　　　B. 调用 505 号子程序 11 次
C. 调用 5051 号子程序 1 次　　　　D. 调用 511 号子程序 50 次

（2）从子程序返回到主程序用（　　）。
A. M98　　　　B. M99　　　　C. G98　　　　D. G99

（3）子程序还可以调用子程序，FANUC 系统最多可嵌套（　　）层子程序。
A. 1　　　　B. 2　　　　C. 3　　　　D. 4

（4）M99 用在（　　）内。
A. 子程序　　　　　　B. 主程序　　　　　　C. 主、子程序均可

（5）在子程序调用指令 "M98 P△△△△××××;" 中，P 后的前 4 位数字代表重复调用次数，若不指定则默认为调用（　　）次。
A. 1　　　　B. 2　　　　C. 3　　　　D. 4

3. 简答题

（1）子程序功能适合加工什么类型的零件？
（2）用子程序指令编程有什么特点？主程序与子程序的区别是什么？
（3）使用子程序功能加工零件时，应注意哪些问题？

4. 编程题

完成图 5-18 所示各零件的编程并完成加工过程。

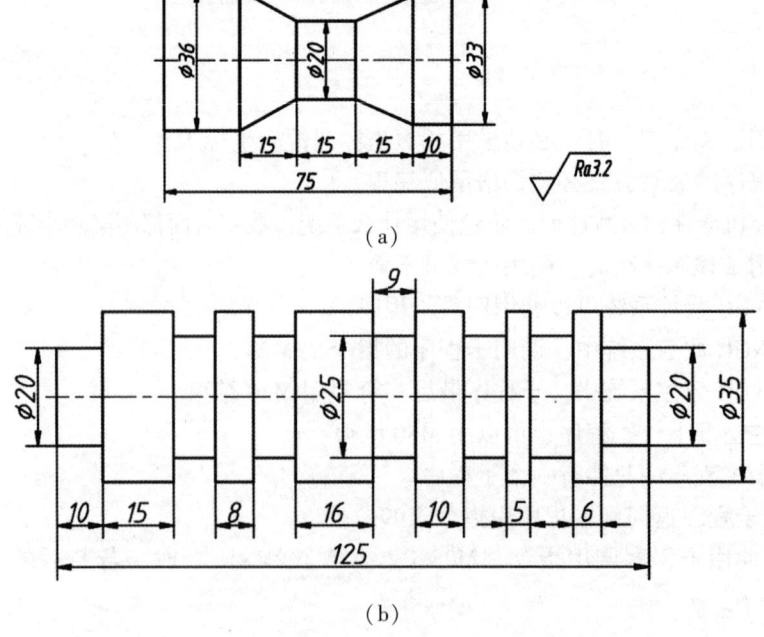

图 5-18　零件

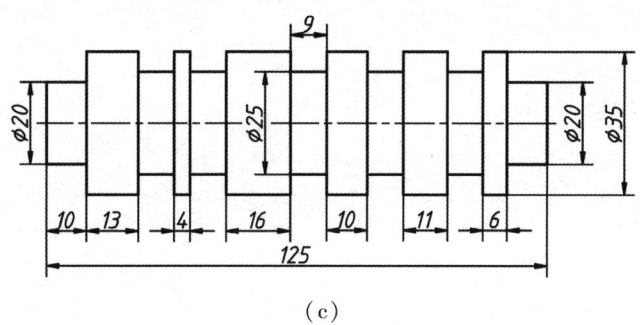

(c)

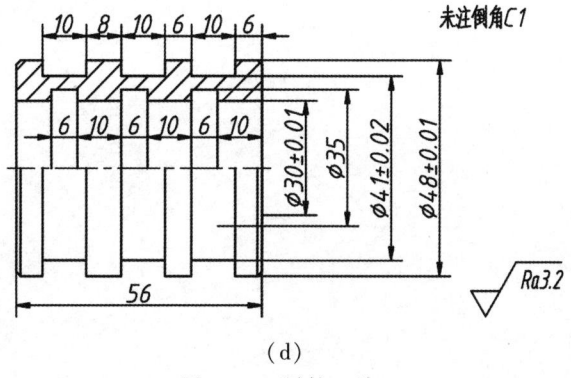

(d)

图 5-18 零件（续）

使用 G72/G94 指令的槽加工

项目 6

螺纹的加工

任务 6.1 使用 G32/G92/G76 指令的外螺纹加工

知识目标
(1) 了解外螺纹相关参数的计算方法。
(2) 理解螺纹加工指令 G32、G92、G76 的含义及其应用。
(3) 掌握外螺纹加工程序的编写方法。
(4) 掌握螺纹加工切削用量的知识。

能力目标
(1) 能进行外螺纹车刀的安装及对刀。
(2) 会编写外螺纹零件的数控加工程序。
(3) 能计算外螺纹的大径、小径和牙型高度。
(4) 能合理选择螺纹车刀,并能正确使用螺纹车刀,能合理选择切削用量。
(5) 能用 G76 指令加工小螺距梯形螺纹。
(6) 会制定外螺纹零件加工工艺。
(7) 能进行外螺纹的检测。

素养目标
(1) 培养执行国家标准、操作规范的意识。
(2) 培养正确的价值观,自觉践行职业道德。
(3) 践行脚踏实地、勤于钻研的精神。

励志故事

大国工匠——戴振涛

戴振涛是大连船舶重工集团有限公司军品总装二部的钳工班长。他承担了我国第一艘航母"辽宁号"阻拦机安装的艰巨任务,并成功完成。在他的带领下,班组员工优质地完成了各类船舶辅机、舵系以及货油泵透平机的安装和调试工作,使得该班组成为大连船舶重工集团的攻坚班组。戴振涛因此荣获了"全国技术能手"称号、全国五一劳动奖章,被评为"辽宁工匠",并享受国务院政府特殊津贴。

6.1.1 任务描述

图 6-1 所示为外螺纹零件,已知毛坯材料为 2A16,毛坯尺寸为 $\phi 20$ mm×50 mm 的棒料。要求正确设定工件坐标系,制订加工工艺方案,选择合理的切削工艺参数,正确编制数控加工程序并完成加工。

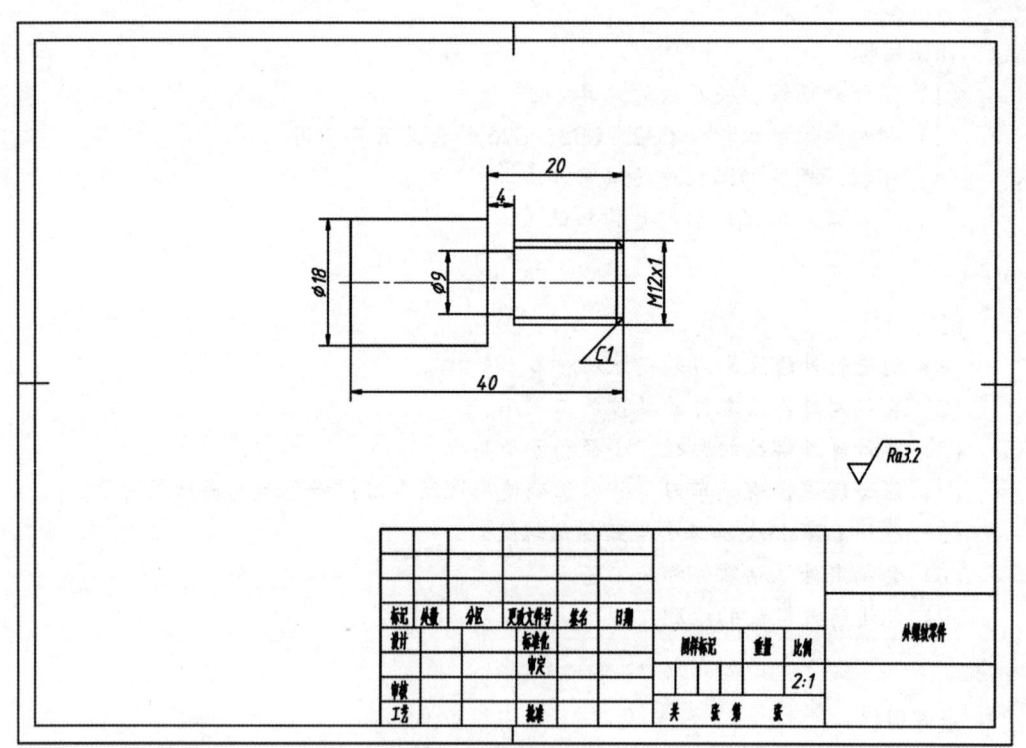

图 6-1 外螺纹零件

6.1.2 知识准备

1. 螺纹及螺纹的分类

螺纹是圆柱或圆锥表面上呈螺旋线形的连续凸起,具有规定的牙型。根据所在表面的不同,螺纹可分为圆柱螺纹和圆锥螺纹,分别形成于圆柱表面和圆锥表面。此外,螺纹还可根据所在位置分为内螺纹和外螺纹,分别形成于圆柱或圆锥的内表面和外表面。

螺纹的凸起断面形状有多种,常见的有三角形螺纹(也称普通螺纹)、梯形螺纹、锯齿形螺纹、方牙螺纹和圆弧形螺纹等。按螺旋线方向,螺纹可分为左旋螺纹和右旋螺纹两种,其中右旋螺纹更为常用。按螺旋线数量,螺纹可分为单线螺纹、双线螺纹和多线螺纹,其中连接用途多采用单线螺纹,而传动用途则多采用双线螺纹或多线螺纹。

2. 普通螺纹的几何参数

普通螺纹的基本牙型应遵循国家标准《普通螺纹 基本牙型》(GB/T 192—2003)中所规定的具有螺纹基本尺寸的牙型。基本牙型是通过按规定将原始三角形削去一部分后获得的,内外螺纹的大径、中径和小径的基本尺寸均基于基本牙型定义,如图6-2所示。普通螺纹的几何参数介绍如下。

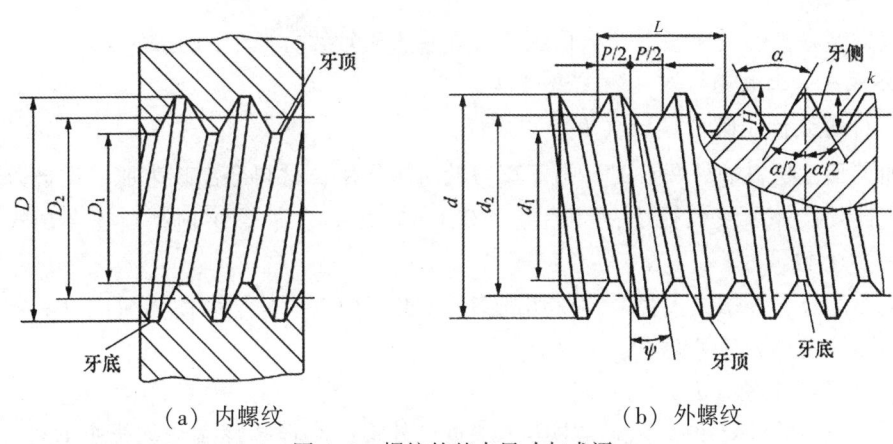

图6-2 螺纹的基本尺寸与术语

(1)原始三角形高度(H)

原始三角形高度是指从原始三角形的底边到其对应顶点的径向距离。

(2)螺距(P)

螺距是指相邻两牙在中径线对应点之间的轴向距离。

(3)大径(内螺纹大径D/外螺纹大径d)

大径也称公称直径,是指与内螺纹牙底或外螺纹牙顶相切的假想圆柱或圆锥的直径。在工件加工过程中,由于可能存在挤压变形,外螺纹的大径往往大于其理想直径。因此,在实际加工中,螺纹大径的选取可以基于经验,通常使加工出的大径比图纸标注的尺寸小0.1~0.2 mm,以确保螺纹的配合精度;也可以通过查阅相关的螺纹公差表来确定螺纹大径的具体数值。对于内螺纹而言,其大径通常直接采用图纸上标注的尺寸。

(4)小径(内螺纹小径D_1/外螺纹小径d_1)

小径是指与内螺纹牙顶或外螺纹牙底相切的假想圆柱或圆锥的直径。内螺纹小径的表达式为:$D_1=D-1.3P$。外螺纹小径的表达式为:$d_1=d-1.3P$。

(5)中径(内螺纹中径D_2/外螺纹中径d_2)

中径是指一个假想圆柱或圆锥的直径,其母线通过牙型上沟槽与凸起宽度相等的位置。内螺纹中径的表达式为:$D_2=D-0.6495P$。外螺纹中径的表达式为:$d_2=d-0.6495P$。

(6) 线数 (n)

线数是指螺纹的螺旋线的根数。沿一条螺旋线形成的螺纹称为单线螺纹,沿 n 条等距螺旋线形成的螺纹称为 n 线螺纹。

(7) 导程 (L)

导程是指同一条螺旋线上相邻两牙在中径线对应点之间的轴向距离。在单线螺纹中,螺距与导程是一致的;在多线螺纹中,导程等于螺距 P 和线数 n 的乘积。

(8) 升角 (ψ)

升角是指螺纹中径上螺旋线的切线与垂直于螺纹轴线的平面之间的夹角。

(9) 牙型角 (α)

牙型角是指螺纹牙在轴向截面上量出的两直线侧边之间的夹角。

(10) 牙型高度 (k)

牙型高度是指螺纹牙型上,牙顶到牙底在垂直于轴线方向上的距离。

3. 外螺纹加工前的有关几何参数计算

(1) 外螺纹预制圆柱直径 ($d_{预}$) 的确定

在加工塑性材料的外螺纹时,由于车刀的挤压作用,材料会出现外胀。因此外螺纹预制圆柱直径要比外螺纹大径小,具体应小 0.1~0.4 mm。外螺纹预制圆柱直径的表达式为:$d_{预}=d-0.1P$。

这里要注意,外螺纹大径是螺纹切削指令 G32、G92 中分层背吃刀量的计算起点,而非以预制圆柱直径为计算起点。

(2) 外螺纹小径 (d_1) 的确定

外螺纹小径的计算方法参见本书第 177 页。外螺纹小径是螺纹切削指令 G32、G92 中分层背吃刀量的计算终点。

(3) 外螺纹牙型高度 (k) 的确定

外螺纹牙型高度也称牙深、牙型总切削深度。考虑刀尖圆弧半径等因素的影响,一般 $k=0.6495P$。

4. 螺纹加工的切削用量

(1) 背吃刀量的确定

螺纹通常需要多次切削才能完成加工。

对于螺纹切削指令 G32、G92,常用的螺纹加工切削次数及每次的背吃刀量可参考表 6-1,也可以根据实际操作经验选取。为防止切削力过大导致刀具过度磨损,通常每次切削的背吃刀量不要选得过大,可以通过增加切削次数来达到加工效果。

对于螺纹切削指令 G76,每次切削的背吃刀量由数控系统计算确定,在指令格式中只需给定表 6-1 中的牙深。

表 6-1 普通螺纹切削次数及背吃刀量参考

单位:mm

螺距	1.0	1.5	2.0	2.5	3.0	3.5	4.0
牙深(半径值)	0.649	0.974	1.299	1.624	1.949	2.273	2.598

(续表)

螺距		1.0	1.5	2.0	2.5	3.0	3.5	4.0
背吃刀量及切削次数（直径值）	1次	0.7	0.8	0.9	1.0	1.2	1.5	1.5
	2次	0.4	0.6	0.6	0.7	0.7	0.7	0.8
	3次	0.2	0.4	0.6	0.6	0.6	0.6	0.6
	4次		0.16	0.4	0.4	0.4	0.6	0.6
	5次			0.1	0.4	0.4	0.4	0.4
	6次				0.15	0.4	0.4	0.4
	7次					0.2	0.2	0.4
	8次						0.15	0.3
	9次							0.2

（2）主轴转速的确定

数控车床加工螺纹时，理论上其转速只要能保证主轴每转一周，刀具沿主进给轴的方向位移一个螺距即可，不应受到限制，但会受到以下几方面的影响。

①螺纹加工程序段中指令的螺距/导程值，相当于以每转进给量表示的进给速度，如果机床的主轴转速选择过高，则其换算后的进给速度必定大大超过机床参数所允许的最大进给量，此时会发生机床按照"极限螺距"（极限螺距=最大进给量/主轴转速）进行加工的现象。

②刀具在位移过程中受到进给伺服（驱动）系统升/降频率和数控装置插补运算速度的约束。由于升/降频率特性满足不了加工需要等原因，主进给运动会产生"超前"或"滞后"等现象，进而导致加工出来的部分牙型的螺距不符合要求。车削螺纹必须通过主轴的同步运行功能实现，即车削螺纹需要配备主轴脉冲发生器（又称主轴编码器）。当主轴转速选择过高时，通过主轴脉冲发生器发出的定位脉冲（主轴每转一周所发出的一个基准脉冲信号）将可能发生"过冲"，特别是当主轴脉冲发生器的质量不稳定时，将导致螺纹产生乱牙。

因此，车削螺纹时，主轴转速的确定应遵循以下几个原则。

• 在保证生产效率和正常切削的情况下，要根据"极限螺距"计算公式求得加工的最高转速，并选择低于该转速的主轴转速。

• 当螺纹加工程序段中的导入长度和切出长度较小时，应选择相对较低的主轴转速。

• 当主轴脉冲发生器允许的工作转速超过机床规定的最大主轴转速时，可尽量选择稍高的主轴转速。

• 通常情况下，车削螺纹时的主轴转速应按数控系统说明书中规定的计算公式来确定。

在螺纹切削方式下，移动速率控制和主轴速率控制功能将被忽略。

5. 螺纹加工的升降速段

由于进给伺服（驱动）系统的滞后，在螺纹切削的开始及结束部分，导程会发生变化。为了保证螺距精度,在数控车床上切削螺纹时必须设置升速进刀段(δ_1)和降速退刀段(δ_2),如图6-3所示。因此,加工螺纹的实际长度除了螺纹的导程 L 外,还应包括 δ_1 和 δ_2 的距离,即加工螺纹的实际长度为 $L+\delta_1+\delta_2$。δ_1 和 δ_2 的数值与工件的螺距和转速有关。

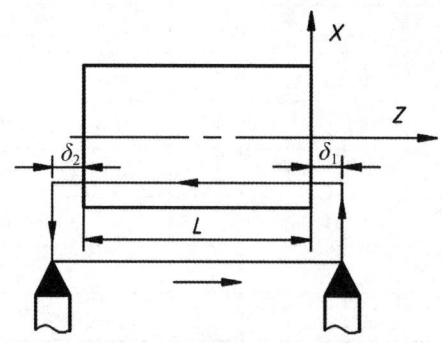

图6-3 螺纹加工的升降速段

6. 螺纹车刀的安装

在安装螺纹车刀时,刀尖应与工件中心等高,并且两刃夹角的中线应垂直于工件轴线。安装时可将螺纹车刀角度样板内侧水平贴靠已精车的外圆柱面,然后将螺纹车刀移入螺纹车刀角度样板相应角度的缺口中,通过对比螺纹车刀两刃与缺口的间隙来调整刀具的安装角度,如图6-4所示。

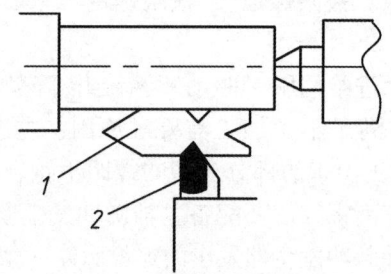

图6-4 螺纹车刀的安装
1—螺纹车刀角度样板;2—螺纹车刀

7. 螺纹的切削指令

(1) 螺纹切削指令 G32

①格式:G32 X(U)_____ Z(W)_____ F_____;
其中:
X、Z 后的值是螺纹终点的绝对坐标值。
U、W 后的值是螺纹终点相对于螺纹起点的增量坐标值。
F 后的值为导程。
G32 为模态指令,可以加工以下类型的螺纹:圆柱螺纹/圆锥螺纹、外螺纹/内螺纹、单线螺纹/多线螺纹。

②轨迹说明:加工路线(A—B—C—D)如图6-5所示,图中虚线表示快速运动,实线表示切削进给运动。图6-5 (a) 和图6-5 (b) 中的线段 B—C 均为 G32 指令的运行轨迹。

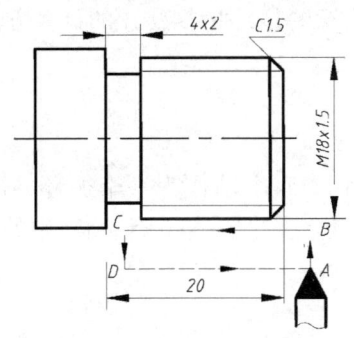
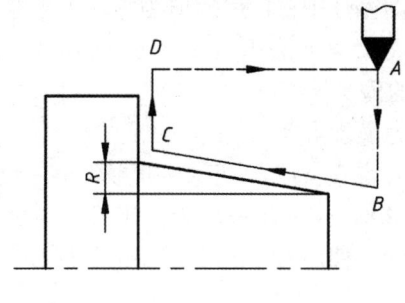

(a) 圆柱螺纹加工路线　　　　　　　　(b) 圆锥螺纹加工路线

图 6-5　螺纹切削示意

视频：G32 单行程等螺距螺纹切削

进刀轨迹 A—B、退刀轨迹 C—D、D—A 均由 G00 指令或 G01 指令完成。假设图 6-5 (a) 中的工件分两次进行切削，使用 G32 指令编制的程序如下：

……
G00 X26.0 Z3.0；刀具快速移动到点 A
X16.5；刀具快速移动到点 B，预备第 1 刀背吃刀量为 1.5 mm
G32 Z-22.0 F1.5；刀具切削进给到点 C
G00 X26.0；刀具快速移动到点 D
Z3.0；刀具快速移动到点 A
G00 X16.05；预备第 2 刀背吃刀量为 0.45 mm
G32 Z-22.0 F1.5；
G00 X26.0；
Z3.0；
……

(2) 螺纹切削固定循环指令 G92

① 格式：G92 X（U）____ Z（W）____ R ____ F ____；
其中：
X、Z 后的值是螺纹终点的绝对坐标值。
U、W 后的值是螺纹终点相对于螺纹起点的增量坐标值。
R 后的值是圆锥螺纹起点与终点在 X 轴方向的坐标增量（半径值）。当起点在 X 轴方向的坐标值小于终点在 X 轴方向的坐标值时，R 后的值取负；反之，R 后的值取正。在圆柱螺纹切削循环中，R 后的值为零，可省略。值得注意的是，此参数 R 的计算方法与 G90 中参数 R 的计算方法相同（参见本书项目 3 任务 3.1）。

F 后的值是导程。

G92 为模态指令。

②轨迹说明：以"切入—螺纹切削—退刀—返回"4 个动作为一个循环，按图 6-5 (a) 所示路线（A—B—C—D）走刀，最后返回循环起点。假设图 6-5 (a) 中的工件分 4 次进行切削，使用 G92 指令编制的程序如下：

```
……
G00 X26.0 Z3.0；
G92 X17.2 Z-22.0 F1.5；第 1 刀背吃刀量为 0.8 mm
X16.6；第 2 刀背吃刀量为 0.6 mm
X16.2；第 3 刀背吃刀量为 0.4 mm
X16.05；第 4 刀背吃刀量为 0.15 mm
……
```

视频：**G92 螺纹切削固定循环**

(3) 螺纹切削复合循环指令（G76）

①格式：

G76 P $(m\ r\ \alpha)$ Q $(\Delta d_{\min})$ R(d)；

G76 X (U)＿＿＿ Z (W)＿＿＿ R (i) P (k) Q (Δd) F＿＿＿；

其中：

m 是精车重复次数，取值范围为 1～99。

r 是螺纹退尾量，在 0.0L～9.9L 之间，取值范围为 0～99（其中 L 为螺纹导程）。

α 是刀尖角度（螺纹牙型角），可取 80°、60°、55°、30°、29°、0°。

$\Delta d_{\min}$ 是最小背吃刀量，用半径值指定，单位为 μm。

d 是精加工余量，用半径值指定，单位为 mm。

X、Z 后的值是螺纹终点的绝对坐标值。

U、W 后的值是螺纹终点相对于螺纹起点的增量坐标值。

i 是圆锥螺纹的半径差，即螺纹切削起点与切削终点的半径差，有正负之分。若 i 为 0，则为圆柱螺纹。

k 是螺纹牙型高度，用半径值指定，单位为 μm。

Δd 是第一次粗切深度，用半径值指定，单位为 μm。

F 后的值是导程。

②轨迹说明：螺纹粗车的切入点由螺纹牙顶沿牙侧逐步移至牙底，确保相邻两牙螺纹的夹角符合规定的螺纹角度。每次粗车螺纹的背吃刀量为 $\sqrt{n} \times \Delta d$（n 为当前的粗车循环次数）。G76 指令可以采用单侧切削刃进行螺纹切削，其背吃刀量随切削过程逐渐减小，这种设计既有利于保护刀具，又能提高螺纹加工精度。需要注意的是，G76 指令不能用于加工端面螺纹。螺纹切削复合循环路线与进刀方式如图 6-6 所示。

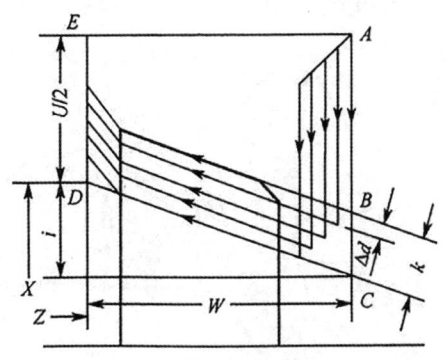

（a）螺纹切削复合循环路线　　　　（b）进刀方式

图 6-6　螺纹切削复合循环路线与进刀方式

视频：G76 螺纹切削复合循环

G76 指令用于螺纹的切削复合循环加工。只需对该指令进行一次指定，并在指令格式中合理定义相关参数，即可完成一个螺纹段的全部加工任务。螺纹切削复合循环具有较为合理的工艺性，能够有效提高编程效率。以图 6-5（a）所示的螺纹加工为例，使用 G76 指令编制的程序段如下：

G00 X26.0 Z3.0；螺纹车刀移到循环起点
G76 P010060 Q100 R0.05；
G76 X16.05 Z-22.0 P974 Q400 F1.5；螺距为 1.5 mm

若图 6-5（a）中的螺纹改为双线螺纹 M18×3/2，使用 G76 指令编制的程序段如下：

G00 X26.0 Z3.0；螺纹车刀移到循环起点
G76 P010060 Q100 R0.05；
G76 X16.05 Z-22.0 P974 Q400 F3；导程为 3 mm
G00 X26.0 Z4.5；螺纹车刀移动一个螺距 1.5 mm 定位循环起点
G76 P010060 Q100 R0.05；
G76 X16.05 Z-22.0 P974 Q400 F3；

7. 检测量具

（1）螺纹环规

螺纹环规是指用来检查外螺纹工件的专用螺纹量规。

①结构。

螺纹环规的结构如图6-7（a）所示。螺纹环规中用于确保通过的通端量规叫作通规，用字母"T"表示；用于限制通过的止端量规叫作止规，用字母"Z"表示。

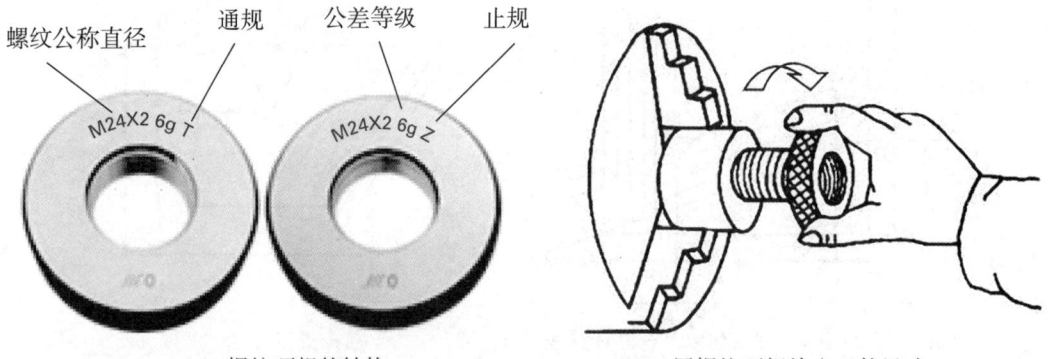

(a) 螺纹环规的结构　　　　(b) 用螺纹环规检查工件尺寸

图6-7　螺纹环规

②使用方法。

• 被测螺纹表面应无铁屑、毛刺。

• 使用通规检验工件时，应能完全旋合通过工件螺纹；使用止规检验工件时，应不能完全旋合通过工件螺纹。

在操作时，对于一般的螺纹，止规允许和工件两端的螺纹部分旋合，但旋合的螺牙数量不能超过两个。

对于螺距数量为三个或少于三个的螺纹，止规不应该完全旋合通过。只要止规没有完全旋合通过，就可以判定该螺纹合格。

（2）螺纹千分尺

螺纹千分尺（如图6-8所示）是测量外螺纹中径的常用量具。螺纹千分尺的构造与外径千分尺相似，二者不同的是测量头，螺纹千分尺有成对配套的测量尺，适用于不同牙型和不同螺距。螺纹千分尺的使用方法、读数方法和注意事项与外径千分尺基本相同。

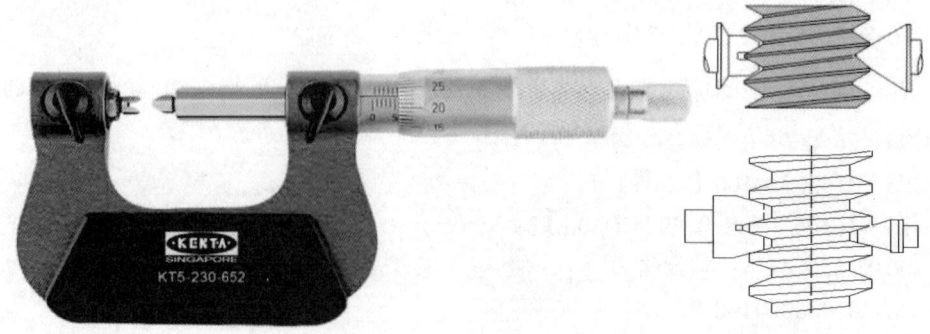

图6-8　螺纹千分尺

6.1.3 方案设计

1. 小组分工

教师引导学生进行小组分工，组长根据实际情况填写表 6-2。

表 6-2 小组分工

小组信息	班级名称				日　期	
	小组名称				组长姓名	
	岗位分工					
	成员姓名					

2. 讨论工作计划

小组成员共同讨论工作计划，分析并列出本次任务中的操作重点。

（1）零件结构分析

①该零件由外圆柱面和外螺纹面组成。

②任务的工序内容为完成零件外圆柱面和外螺纹面的加工。

（2）数控车削加工工艺分析

①装夹方案与夹具。分析该零件，选择外圆表面为定位基准，使用三爪自定心卡盘对工件进行装夹，留出 10 mm 左右的长度作为加工后的切断宽度。采用三爪自定心卡盘装夹 $\phi 20$ mm 的外圆表面。

②加工方法。在一次装夹中完成全部圆柱面、槽、螺纹的加工。

③刀具选择。宽 4 mm 的切槽刀、93°外圆车刀、60°螺纹车刀。

④切削用量。如表 6-3 所示。

（3）确定编程原点与编程思路

①设置编程原点。选取工件右端面中心为编程原点。

②编程思路。分别用 G32、G92、G76 指令编写螺纹加工程序。

（4）确定加工进给路线

①设计循环起点。外轮廓粗、精加工循环起点为（21, 3），切槽起点为（21, -20），螺纹切削起点为（21, 3）。

②设计进给路线。以 G71、G32、G92、G76 指令的加工路线走刀。

（5）填写数控加工工序卡

填写表 6-3 所示的数控加工工序卡。

表 6-3 螺纹的数控加工工序卡

工序号	01	工序内容		右端	
零件名称		零件图号	材料	夹具名称	使用设备
外螺纹零件		图 6-1	2A16	三爪自定心卡盘	数控车床

(续表)

工步号	工步内容	刀具号	主轴转速 n/(r/min)	进给速度 f/(mm/min)	背吃刀量 a_p/mm	备注
1	粗车 φ11.9 mm、φ18 mm 外圆	T0101	800	0.2	2	自动
2	精车 φ11.9 mm、φ18 mm 外圆	T0101	1200	0.1	0.1	自动
3	切 φ9 mm 槽	T0202	500	0.1	4	自动
4	切螺纹	T0303	500	1		自动
5	切断	T0202	500	0.1	4	自动
编制		审核		批准	第 页	共 页

6.1.4 任务实施

1. 加工程序编写

依据方案设计中选取的编程原点，编制外螺纹的数控加工程序。参考程序如表 6-4 所示。

表 6-4 外螺纹的加工参考程序（G32、G92、G76）

加工程序（G32）	加工程序（G92）	加工程序（G76）	程序注释
O6001;	O6002;	O6003;	程序号
T0101 G99;			选择 1 号刀并调用 1 号刀补，设定每转进给模式
M03 S800;			主轴正转，转速为 800 r/min
G00 X21.0 Z3.0;			刀具快速到达循环起点
G71 U2 R0.5;			使用 G71 指令的粗车循环
G71 P10 Q20 U0.4 W0.1 F0.2;			
N10 G00 X-1.0;			
G01 Z0 F0.1;			
G01 X11.9 Z0 C1;			使用 G71 指令的精车循环
G01 Z-19.9;			
X18.0;			
Z-36.0;			
N20 X21.0;			
G00 X100.0 Z200.0;			返回换刀点

(续表)

加工程序（G32）	加工程序（G92）	加工程序（G76）	程序注释
M05；			主轴停止
M00；			程序暂停
T0101 G99；			选择1号刀并调用1号刀补
M03 S1200；			主轴正转，转速为1200 r/min
G00 X21.0 Z3.0；			刀具快速移至循环起点
G70 P10 Q20；			使用G70指令的精车循环
G00 X100.0 Z200.0；			返回换刀点
T0202；			更换2号刀并调用2号刀补
S500；			主轴正转，转速为500 r/min
G00 Z-20.0；			
X21.0；			刀具快速移到切槽起点
G01 X9.0 F0.1；			切至槽底
G04 X2；			在槽底暂停2 s
G00 X21.0；			
X100.0 Z200.0；			返回换刀点
T0303；			更换3号刀并调用3号刀补
G00 X21.0 Z3.0；			刀具到达螺纹切削起点
X11.3；	G92 X11.3 Z-17.5 F1；		
G32 Z-17.5 F1；			
G00 X21.0；			
Z3.0；			
X10.9；	X10.9；	G76 P20260 Q100 R0.05； G76 X10.7 Z-17.5 P649 Q500 F1；	使用G32、G92、G76指令加工螺纹。其中，G32、G92指令的第1、2、3刀背吃刀量分别为0.7 mm、0.4 mm、0.2 mm
G32 Z-17.5 F1；			
G00 X21.0；			
Z3.0；			
X10.7；	X10.7；		
G32 Z-17.5 F1；			
G00 X21.0；			
Z3.0；			

(续表)

加工程序（G32）	加工程序（G92）	加工程序（G76）	程序注释
G00 X100.0 Z200.0;			返回换刀点
T0202;			更换2号刀并调用2号刀补
G00 Z-39.0;			
G01 X0 F0.1;			切断
G00 X100.0 Z200.0;			返回换刀点
M05;			主轴停止
M30;			程序结束，光标返回程序头

2. 零件的加工

（1）开机回参考点，进行机床检查。

（2）装夹工件。使用三爪自定心卡盘夹紧工件，保证一定的伸出长度（适合掉头后装夹），开启数控车床，主轴正转，在手轮模式下，对工件伸出部分用小的背吃刀量切削一刀，停机，工件掉头，找正后夹紧。

（3）装夹刀具。93°外圆车刀、切槽刀、外螺纹车刀。

（4）对刀。对93°外圆车刀、切槽刀、外螺纹车刀进行对刀操作。

（5）输入程序并调试。

（6）在自动运行模式下运行加工程序。

（7）测量工件，视测量结果对磨耗值进行修正。

（8）执行精加工，以保证工件精度。

（9）加工完成后，将工件从卡盘上卸下，并使用专用清理工具对机床进行清理。

6.1.5 检查评估

外螺纹零件的编程与加工评分标准如表6-5所示。

表6-5 外螺纹零件的编程与加工评分标准

姓名		零件名称	外螺纹零件	时间		总得分	
项目	序号	技术要求	配分	评分标准	检测记录		得分
工艺与程序（30分）	1	工艺合理	6	不合理每处扣1分			
	2	程序格式规范	6	不规范每处扣1分			
	3	程序参数选择合理	6	不合理每处扣1分			
	4	指令选用正确	6	不正确每处扣2分			
	5	程序正确、完整	6	不正确每处扣2分			

(续表)

项目	序号	技术要求	配分	评分标准	检测记录	得分
姓名			零件名称	外螺纹零件	时间	总得分
机床操作（15分）	6	零件装夹合理	3	不合理每处扣3分		
	7	刀具选择及安装正确	3	不正确每处扣1.5分		
	8	对刀及坐标系设定正确	3	不正确每处扣1分		
	9	机床面板操作正确	3	不正确每处扣0.5分		
	10	意外情况处理正确	3	不正确每处扣1分		
工件尺寸（50分）	11	$\phi 18$ mm	5	每超差0.01 mm扣2分		
	12	$\phi 9$ mm	5	每超差0.01 mm扣2分		
	13	4 mm	5	每超差0.01 mm扣2分		
	14	20 mm	5	每超差0.01 mm扣2分		
	15	35 mm	5	每超差0.01 mm扣2分		
	16	M12×1	15	不合格全扣		
	17	去毛刺	4	每处未去扣2分		
	18	Ra3.2 μm	6	每处降低一级扣1分		
文明生产（5分）	19	安全操作	2.5	违反操作规程全扣		
	20	机床整理	2.5	不合格全扣		

6.1.6 项目实训

编制图6-9所示梯形螺纹零件的加工程序并完成加工。

要求：使用G76指令编写程序。

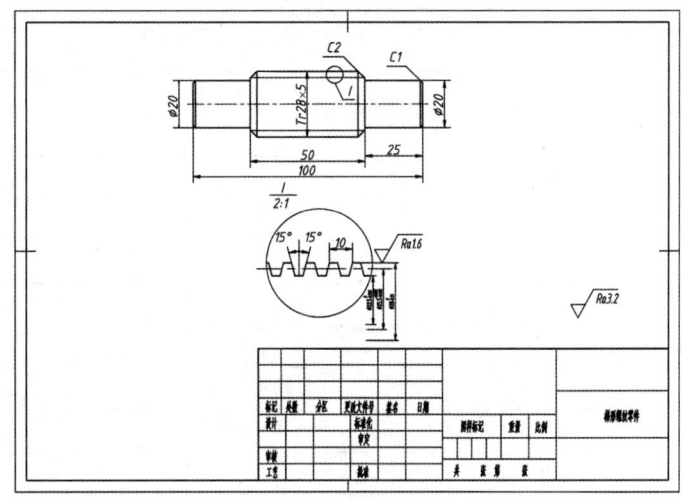

图6-9 梯形螺纹零件

视频：成形刀梯形螺纹加工

1. 思考

（1）梯形螺纹的标注方法是怎样的？公制梯形螺纹的牙型角为多少度？

（2）为什么螺纹车刀要分粗车刀和精车刀？

（3）安装梯形螺纹车刀要注意哪些问题？

（4）加工梯形螺纹有哪些方法？

（5）安装梯形螺纹零件为什么要采用"一夹一顶"的装夹方式？

（6）测量梯形螺纹的方法有哪些？

（7）三针测量法主要测量哪里的尺寸？它的测量原理是什么？

2. 计划与决策

选择刀具、量具、夹具类型，确定工件定位与夹紧方案，确定工件坐标系与编程原点、编程思路、加工进给路线方案、切削用量、相关 G 指令的应用，计算基点，确定刀具对刀方案，确定尺寸检测步骤，确定机床的保养工作步骤与小组成员分工。

3. 实施

(1) 选用刀具,填写表6-6所示的数控加工刀具卡。

表 6-6　梯形螺纹零件的数控加工刀具卡

产品名称或代号		零件名称		零件图号	
序号	刀具号	刀具规格名称	数量	加工表面	刀尖半径/mm	备注
1						
2						
3						
编制		审核		批准		第　页	共　页

(2) 安排加工工序,填写表6-7所示的数控加工工序卡。

表 6-7　梯形螺纹零件的数控加工工序卡

工序号		工序内容				
零件名称		零件图号		材料	夹具名称	使用设备
工步号	工步内容	刀具号	主轴转速 $n/$ (r/min)	进给速度 $f/$ (mm/min)	背吃刀量 a_p/mm	备注
编制		审核		批准	第　页	共　页

(3) 在表6-8中编写程序,并对程序段做注释。

表 6-8　编写程序并做注释

程序	注释

（续表）

程序	注释

（4）操作与加工如表6-9所示。

表6-9　操作与加工

开机前的检查，开机	
工件装夹	
刀具安装	
对刀操作	
录入程序并调试	
零件加工	
测量并控制尺寸	
机床、工具、量具保养与现场清扫	

4. 检查

按表6-10的项目与评分标准对项目实训进行检查与考核。

表 6-10 梯形螺纹零件的评分标准

姓名			零件名称	梯形螺纹零件	时间		总得分	
项目	序号	技术要求		配分	评分标准		检测记录	得分
工艺与程序 (30分)	1	工艺合理		6	不合理每处扣1分			
	2	程序格式规范		6	不规范每处扣1分			
	3	程序参数选择合理		6	不合理每处扣1分			
	4	指令选用正确		6	不正确每处扣2分			
	5	程序正确、完整		6	不正确每处扣2分			
机床操作 (15分)	6	零件装夹合理		3	不合理每处扣3分			
	7	刀具选择及安装正确		3	不正确每处扣1.5分			
	8	对刀及数据填写正确		3	不正确每处扣1分			
	9	机床面板操作正确		3	不正确每处扣0.5分			
	10	意外情况处理正确		3	不正确每处扣1分			
工件尺寸 (50分)	11	Tr28×5		15	超差扣8分,未成形全扣			
	12	$\phi 28_{-0.03}^{0}$ mm		6	每超差0.01 mm扣2分			
	13	ϕ20 mm,2处		3	每超差0.01 mm扣1分			
	14	100 mm		3	每超差0.01 mm扣1分			
	15	50 mm		3	每超差0.01 mm扣1分			
	16	25 mm		3	每超差0.01 mm扣1分			
	17	C1		2	每处不符扣1分			
	18	C2		2	每处不符扣1分			
	19	去毛刺		3	每处未去扣1分			
	20	Ra1.6 μm		5	每降一级扣1分			
	21	Ra3.2 μm		5	每降一级扣1分			
文明生产 (5分)	22	安全操作		2.5	违反操作规程全扣			
	23	机床整理		2.5	不合格全扣			

5. 小结与评价

按表6-11规定的评价项目对学生项目实训进行评价。小组成员各自完成"自我评价",组长完成"小组评价",教师完成"教师评价"。上交文件材料及产品,做好实训室5S管理。

表 6-11 任务评价表

姓名		班级		学号		日期	
序号	检查项目		自我评价	小组评价	教师评价	备注	
1	遵守安全操作规范						
2	态度端正，工作认真						
3	能提前进行学习，并积极参加讨论						
4	能熟练、多渠道地查找参考资料						
5	能正确说出操作重点						
6	工作步骤执行、操作规范熟练						
7	能在规定时间内完成任务，并按要求上交（或打印）任务结果						
8	遵守纪律，积极协作						
9	做好设备保养工作						
10	做好 5S 管理工作						
	合计						
	总分						

注：①采用 10-9-7-5-3-0 分制给分。
②总分 = "自我评价"分数×20% + "小组评价"分数×30% + "教师评价"分数×50%。

思考与练习

1. 判断题

（1）在数控车床上加工螺纹时，主轴编码器用于建立主轴转动与进给运动之间的联系。（　　）

（2）G32 指令可以加工端面螺纹。（　　）

（3）G32 指令的功能为螺纹切削加工，它只能加工圆柱螺纹。（　　）

（4）螺纹切削指令中的地址字 F 后的值是指螺纹的导程。（　　）

（5）G32 指令是加工螺纹的单一固定循环指令。（　　）

（6）G92 指令只能加工圆锥螺纹。（　　）

（7）如果在单段方式下执行 G92 指令，则每执行一次必须按 4 次循环启动按钮。（　　）

（8）切削螺纹时，采用恒线速度切削功能可以提高加工精度。（　　）

（9）G76 指令适合导程小的螺纹的加工。（　　）

（10）G76 指令只能用于圆柱螺纹的加工。（　　）

（11）螺纹加工的进给次数和背吃刀量直接影响螺纹的加工质量。（　　）

2. 选择题

(1) 螺纹有五个基本要素，它们是（　　）。
A. 牙型、公称直径、螺距、线数和旋向
B. 牙型、公称直径、螺距、旋向和旋合长度
C. 牙型、公称直径、螺距、导程和线数
D. 牙型、公称直径、螺距、线数和旋合长度

(2) 数控机床的检测元件——光电编码器属于（　　）。
A. 旋转式检测元件　　　　　　B. 移动式检测元件
C. 接触式检测元件　　　　　　D. 增量式检测元件

(3) 安装螺纹车刀时，刀尖应与工件中心等高，并且两刃夹角的中线应（　　）工件轴线。
A. 平行于　　　B. 倾斜于　　　C. 垂直于　　　D. 成75°

(4) 在程序段"G32 X（U）_____ Z（W）_____ F _____;"中，F 后的值表示（　　）。
A. 主轴转速　　　　　　　　　B. 进给速度
C. 螺纹导程　　　　　　　　　D. 背吃刀量

(5) 螺纹切削复合循环指令是（　　）。
A. G32　　　B. G34　　　C. G76　　　D. G92

(6) 关于固定循环编程，以下说法不正确的是（　　）。
A. 是预先设定好的一系列连续加工动作
B. 可大大缩短程序的长度，减少程序所占内存
C. 可以减少加工时的换刀次数，提高加工效率
D. 可分为单一形状与复合固定循环两种类型

(7) "G92 X（U）_____ Z（W）_____ R _____ F _____;"中 F 后的值指的是（　　）。
A. 螺纹导程　　B. 螺纹螺距　　C. 每分钟进给量　　D. 螺纹起始角

(8) "G92 X（U）_____ Z（W）_____ R _____ F _____;"中 R 后的值指的是（　　）。
A. 螺纹终点的坐标值　　　　　　B. 导程
C. 螺纹切削起点和终点的半径差　　D. 半径

3. 简答题

(1) 安装螺纹车刀有哪些要注意的问题？
(2) 多线螺纹的分线方法有哪两种？切削多线螺纹时应注意哪些问题？
(3) 使用成形刀时，如何减少和防止振动？

4. 编程题

完成图 6-10 所示各外螺纹零件的编程并完成加工过程。

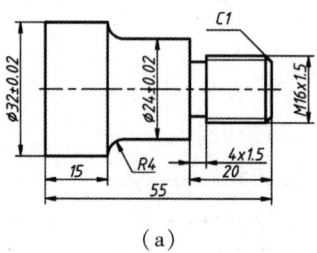

(a)

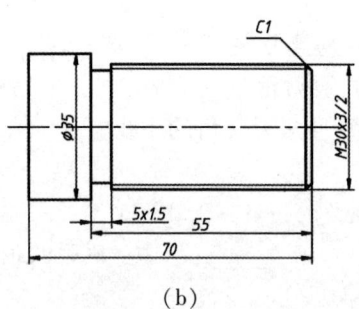

(b)

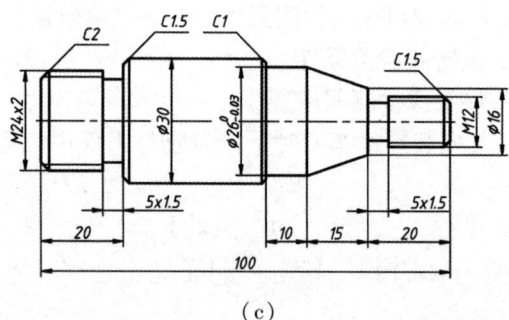

(c)

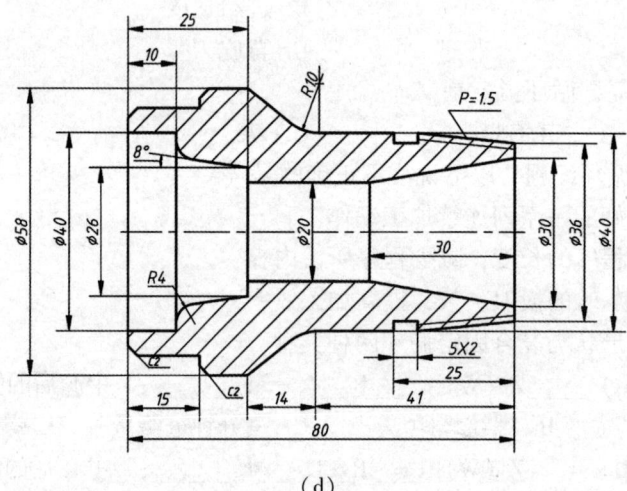

(d)

图 6-10 外螺纹零件

任务 6.2 使用 G32/G92/G76 指令的内螺纹加工

知识目标
(1) 了解内螺纹相关参数的计算方法。
(2) 进一步理解螺纹加工指令 G32、G92、G76 的应用。
(3) 掌握内螺纹加工程序的编写方法。

能力目标
(1) 能进行内螺纹车刀的安装及对刀。
(2) 会编写内螺纹零件的数控加工程序。
(3) 能计算内螺纹的大径、小径和牙型高度。
(4) 能合理选择螺纹车刀,并能正确使用螺纹车刀,能合理选择切削用量。
(5) 会制定内螺纹零件加工工艺。

素养目标
(1) 树立正确的学习观、价值观,自觉践行行业道德规范。
(2) 牢固树立质量意识,培养严谨细致、吃苦耐劳的职业素养。
(3) 遵规守纪,爱护设备,钻研技术,安全生产。

励志故事

大国工匠——杨金安

杨金安是中信重工机械股份有限公司的一位班长。四十年来,他始终坚守在炼钢生产一线,凭借其卓越的领导力和专业技能,带领团队成功攻克了核电、神舟飞船系列、国产大飞机、航母、大型水利工程以及大型石化加氢装置等近百项特殊钢材的冶炼难题。在他的努力下,公司打造出国内乃至全球冶炼能力领先的炼钢系统,彻底改变了我国特种钢材长期依赖进口的局面。杨金安因此荣获"全国五一劳动奖章",并被评选为 2019 年"大国工匠年度人物"。

6.2.1 任务描述

图 6-11 所示为内螺纹零件,已知毛坯材料为 2A16,毛坯尺寸为 $\phi48$ mm×65 mm 的棒料。要求正确设定工件坐标系,制订加工工艺方案,选择合理的切削工艺参数,正确编制

数控加工程序并完成加工。

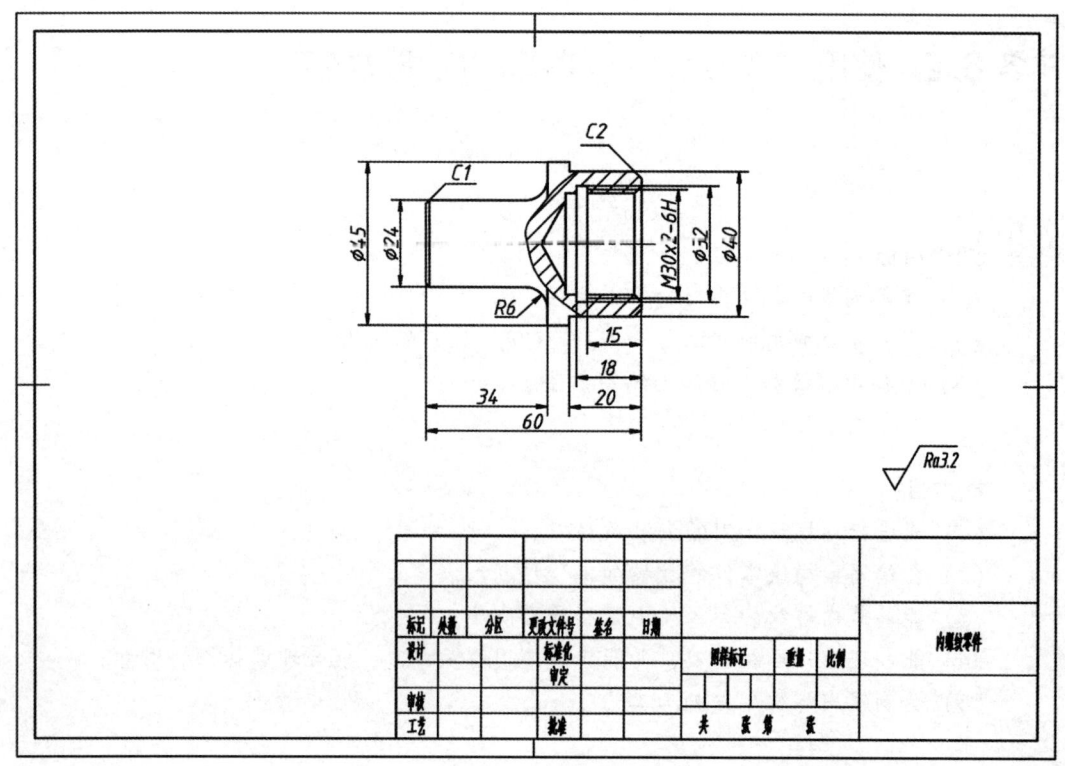

图 6-11　内螺纹零件

6.2.2　知识准备

1. 内螺纹零件的加工方案

内螺纹零件的加工内容有孔、内配合面、内槽及内螺纹等，需通过如下顺序完成加工：钻头钻孔（大孔需要多把钻头分次扩钻）、切削内孔（先粗车后精车）、切削内槽、切削内螺纹。对于有内外加工内容且加工精度要求较高的零件，要特别注意加工顺序的安排，数控车削一般按"先粗后精、先近后远、内外交叉、基面先行、保证工件加工刚度、同一把刀连续加工"的原则进行。

2. 内螺纹加工前的有关几何参数计算

（1）预制底孔直径（$D_{预}$）确定

由于切削内螺纹时，内孔直径会缩小，所以切削内螺纹前的孔径要比内螺纹小径略大，$D_{预}$可采用下列近似公式计算。

切削塑性金属的内螺纹时：

$$D_{预}=D-P \qquad (6-1)$$

切削脆性金属的内螺纹时：

$$D_{预}=D-（1\sim1.05）P \qquad (6-2)$$

式中 D——螺纹大径；

P——螺距。

（2）内螺纹小径（D_1）的确定

内螺纹小径的计算方法参见本书第 177 页。内螺纹小径是螺纹切削指令 G32、G92 中分层背吃刀量的计算起点。

（3）内螺纹牙型高度（k）的确定

内螺纹牙型高度的计算方法同外螺纹，一般 $k=0.6495P$。

3. 内螺纹加工的进刀方法

数控车床上内螺纹加工的进刀方法一般有三种。

（1）直进法

直进法是指车刀沿横向间歇进给至牙深处［如图 6-12（a）所示］。使用这种方法加工内螺纹时，车刀三面切削，切削余量大，刀尖磨损严重，排屑困难，容易产生扎刀现象。这种方法适合导程较小的三角形内螺纹加工。使用这种方法加工时，一般采用 G32 或 G92 指令编程。

（2）左右分层法

左右分层法是指车刀沿牙型角方向交错间歇进给至牙深处［如图 6-12（b）所示］。这种方法实际上是直进法和左右切削法（一种螺纹加工进刀方法，在切削过程中，刀具除了直线前进外，还进行左右横向移动）的综合应用，常用于切削螺距较大的内螺纹。使用这种方法加工时，一般采用宏程序进行编程。

（3）斜进法

斜进法是指车刀沿牙型角方向斜向间歇进给至牙深处［如图 6-12（c）所示］。使用这种方法加工内螺纹时可避免车刀三面切削，切削力减少，不容易产生扎刀现象。使用这种方法加工时，一般采用 G76 指令编程。当螺纹螺距较大时，可分几次进给。进刀的分配方式一般采用递减式。

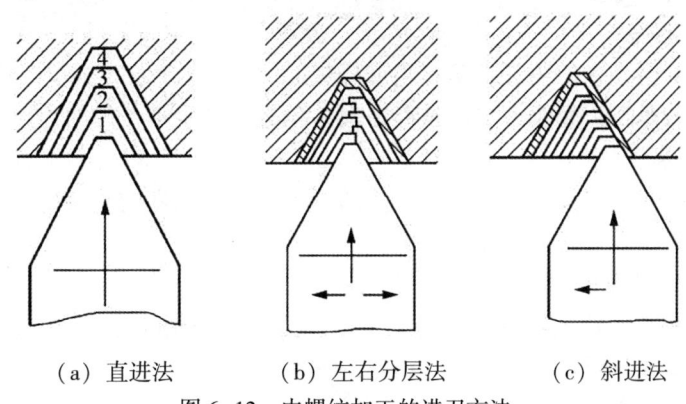

（a）直进法　　（b）左右分层法　　（c）斜进法

图 6-12　内螺纹加工的进刀方法

4. 内螺纹车刀的安装

安装内螺纹车刀时，刀尖应与工件中心等高，并且两刃夹角的中线应垂直于工件轴线。安装内螺纹车刀时，可将螺纹车刀角度样板端面水平贴靠已精车的端面，然后将内螺纹车刀移入螺纹车刀角度样板相应角度的缺口中，通过对比内螺纹车刀两刃与缺口的间隙来调整刀具的安装角度，如图6-13所示。

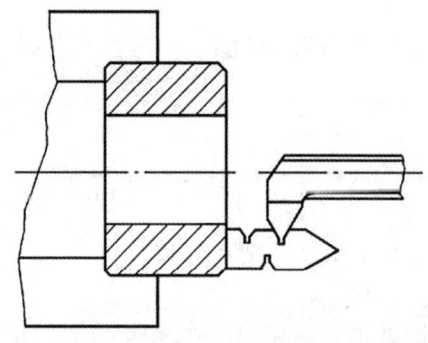

图6-13 内螺纹车刀的安装

5. 切削内螺纹时常见的问题

（1）车刀安装得过高或过低

当车刀安装得过高时，切削到一定深度，车刀的后刀面会顶住工件，甚至可能把工件顶弯；当车刀安装得过低时，切屑不易排出，车刀径向切削力的方向是工件中心，致使切削深度自动趋向加深，从而把工件抬起，出现啃刀现象。此时，应及时调整车刀高度，使刀尖与工件中心等高。在粗车和半精车时，刀尖位置应比工件中心高出被加工工件直径的1%左右。

（2）工件装夹不牢固

在装夹工件时，若工件伸出过长或自身刚性不足，在切削过程中会因切削力的作用产生过大的挠度。此时工件位置抬高，导致车刀与工件的中心高度发生变化，使背吃刀量增加，从而产生啃刀现象。因此，必须确保工件装夹牢固，可采用"一夹一顶"的装夹方式，以提高工件的刚性。

（3）牙型不正确

若车刀安装不当，未使用螺纹车刀角度样板对刀，会导致刀尖倾斜，进而产生螺纹半角误差。此外，若车刀刃磨时刀尖测量存在误差，也会产生不正确的牙型。

（4）刀片与螺距不符

当使用定螺距刀片加工螺纹时，若刀片的加工范围与工件的实际螺距不符，则会产生不正确的牙型，甚至发生撞刀事故。

（5）切削速度过高

切削速度过高会导致进给伺服（驱动）系统无法快速响应，从而造成乱牙现象。因此，加工螺纹时不能盲目地追求高速、高效的加工。

（6）螺纹表面粗糙

车刀刃磨不光滑、切削液使用不当、切削参数和工件材料不匹配、系统刚性不足、切削过程产生振动等都会导致螺纹表面粗糙。

6. 检测量具

螺纹塞规是检查内螺纹的专用螺纹量规,其结构如图6-14所示。螺纹塞规中用于确保通过的叫作通端,用字母"T"表示;用于限制通过的叫作止端,用字母"Z"表示。

塞规的结构与工作原理

螺纹塞规检验工件的方法与要求与螺纹环规相似。在使用螺纹塞规时要注意,螺纹塞规的测头和手柄连接应牢固可靠,在使用过程中不应松动脱落;被测螺纹表面应无铁屑、毛刺。

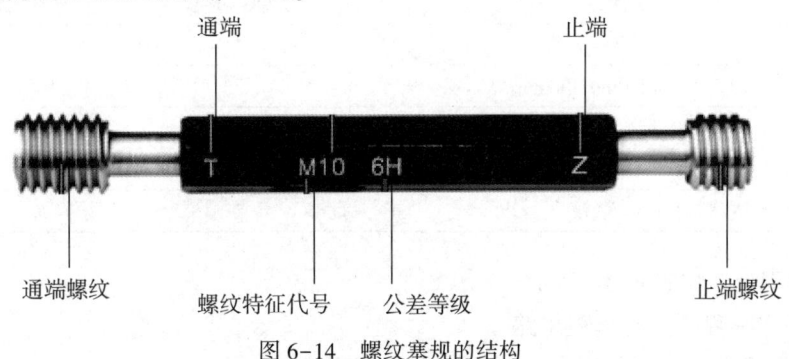

图6-14 螺纹塞规的结构

6.2.3 方案设计

1. 小组分工

教师引导学生进行小组分工,组长根据实际情况填写表6-12。

表6-12 小组分工

	班级名称		日 期	
小组信息	小组名称		组长姓名	
	岗位分工			
	成员姓名			

2. 讨论工作计划

小组成员共同讨论工作计划,分析并列出本次任务中的操作重点。

(1)零件结构分析

①该零件由外圆柱面和内螺纹面组成。

②本任务为完成内螺纹零件的加工。

(2)数控车削加工工艺分析

①装夹方案与夹具。分析该零件,选择外圆表面为定位基准。采用三爪自定心卡盘对工件进行装夹。

②加工方法。先完成左端加工,掉头并重新装夹后,完成外圆柱面、内孔、槽、螺纹的加工。

③刀具选择。中心钻,φ10 mm、φ24 mm的麻花钻各一支,内孔车刀,宽3 mm的内切槽刀,93°外圆车刀,内螺纹车刀。内螺纹零件数控加工刀具卡如表6-13所示。

表 6-13 内螺纹零件数控加工刀具卡

产品名称或代号			零件名称	内螺纹零件	零件图号	图 6-11
序号	刀具号	刀具规格名称	数量	加工表面	刀尖半径/mm	备注
1	T01	93°外圆车刀	1	粗、精车外圆、端面	0.4	
2	T02	内孔车刀	1	粗、精车内孔	0.4	
3	T03	内切槽刀	1	切削内退刀槽		
4	T04	内螺纹车刀	1	切削内螺纹		
5		中心钻	1			手动
6		ϕ10 mm 麻花钻	1			手动
7		ϕ24 mm 麻花钻	1	钻底孔		手动
编制		审核		批准	第 页	共 页

④切削用量。如表 6-14 所示。

(3) 确定编程原点与编程思路

①设置编程原点。选取工件右端面中心为编程原点。

②编程思路。外圆与螺纹底孔加工采用 G71 指令,麻花钻钻孔采用手动方式,槽加工采用 G01 指令,内螺纹加工可选用 G32、G92、G76 指令中的一个。

(4) 确定加工进给路线

①设计循环起点。外轮廓粗车、精车的循环起点为 (49, 3),内孔轮廓粗车、精车的循环起点为 (23, 1),切槽起点为 (26, -18),螺纹切削起点为 (22, 4)。

②设计进给路线。以 G71、G32、G92、G76 指令的加工路线走刀。

(5) 填写数控加工工序卡

填写表 6-14 所示的数控加工工序卡。

表 6-14 内螺纹零件 (右端) 的数控加工工序卡

工序号	02		工序内容		右端外圆、螺孔	
	零件名称	零件图号	材料	夹具名称		使用设备
	内螺纹零件	图 6-11	2A16	三爪自定心卡盘		数控车床
工步号	工步内容	刀具号	主轴转速 n/ (r/min)	进给速度 f/ (mm/min)	背吃刀量 a_p/mm	备注
1	钻中心孔		1200			手动
2	钻 ϕ24 mm 底孔		500			手动
3	粗车右端面、外 C2、ϕ40 mm 外圆、ϕ45 mm 外圆	T0101	1000	0.2	1	自动
4	精车右端面、外 C2、ϕ40 mm 外圆、ϕ45 mm 外圆	T0101	1200	0.1	0.2	自动

(续表)

工序号	02		工序内容		右端外圆、螺孔		
工步号	工步内容		刀具号	主轴转速 n/ (r/min)	进给速度 f/ (mm/min)	背吃刀量 a_p/mm	备注
5	粗车内 $C2$、螺纹底孔		T0202	800	0.1	1	自动
6	精车内 $C2$、螺纹底孔		T0202	800	0.08	1	自动
7	切削 $\phi 32$ mm 退刀槽		T0303	500	0.1	3	自动,左刀尖
8	切削内螺纹 M32×2		T0404	400			自动
编制		审核		批准		第 页	共 页

6.2.4 任务实施

1. 加工程序编写

依据方案设计中选取的编程原点，编制内螺纹零件（右端）的数控加工程序。参考程序如表 6-15 所示。

表 6-15 内螺纹零件（右端）的加工参考程序（G32、G92、G76）

加工程序（G32）	加工程序（G92）	加工程序（G76）	程序注释
O6004;	O6005;	O6006;	程序号
T0101 G99;			选择 1 号刀并调用 1 号刀补
M03 S1000;			主轴正转，转速为 1000 r/min
G00 X100.0 Z200.0;			刀具快速移到换刀点
G00 X49.0 Z3.0;			刀具快速移到外轮廓粗车、精车循环起点
G71 U1 R0.5;			使用 G71 指令的粗车循环
G71 P10 Q20 U0.4 W0.1 F0.2;			使用 G71 指令的精车循环
N10 G00 X-1.0;			轮廓精加工
G01 Z0 F0.1;			
G01 X40.0 Z0 C2;			
G01 Z-20.0;			
X45.0;			
Z-25.0;			
N20 X49.0;			
G00 X100.0 Z200.0;			返回换刀点

(续表)

加工程序（G32）	加工程序（G92）	加工程序（G76）	程序注释
M05；			主轴停止
M00；			程序暂停
T0101 G99；			再次选择1号刀并调用1号刀补，设定每转进给模式
M03 S1200；			主轴正转，转速为1200 r/min
G00 X49.0 Z3.0；			刀具快速移到外轮廓粗车、精车循环起点
G70 P10 Q20；			使用G70指令的精车循环
G00 X100.0 Z200.0；			返回换刀点
T0202；			更换2号刀并调用2号刀补
M03 S800；			主轴正转，转速为800 r/min
G00 X23.0 Z1.0；			刀具快速到达内孔轮廓粗车、精车循环起点
G71 U1.0 R0.5；			
G71 P30 Q40 U-0.4 W0.1 F0.1；			
N30 G00 X33.0；			使用G71指令的粗车循环
G01 X28.0 Z-2.0 F0.08；			
G01 Z-22.0；			
N40 X23.0；			
G00 X100.0 Z200.0；			返回换刀点
M05；			主轴停止
M00；			程序暂停
T0202 G99；			再次选择2号刀并调用2号刀补，设置每转进给模式
M03 S800；			主轴正转，转速为800 r/min
G00 X23.0 Z1.0；			刀具快速到达内孔轮廓粗车、精车循环起点
G70 P30 Q40；			使用G70指令的精车循环
G00 X100.0 Z200.0；			返回换刀点
T0303；			更换3号刀并调用3号刀补
M03 S500；			主轴正转，转速为500 r/min

（续表）

加工程序（G32）	加工程序（G92）	加工程序（G76）	程序注释
G00 X26.0 Z4.0;			3号刀快速移至孔口
Z-18.0;			3号刀快速移至切槽起点
G01 X32.0 F0.1;			切槽
G04 X2;			在槽底暂停2 s
G01 X26.0 F0.1;			退至切槽起点
G00 Z200.0;			
X100.0;			返到换刀点
T0404;			更换4号刀并调用4号刀补
M03 S400;			主轴正转，转速为400 r/min
G00 X22.0 Z4.0;			刀具快速移至螺纹切削起点
X28.3;	G92 X28.3 Z-17.5 F2;	G76 P20260 Q100 R0.05 G76 X30.0 Z-17.5 P1299 Q500 F2;	分别用G32、G92、G76指令加工螺纹。使用G32、G92指令加工时，分层背吃刀量依次为0.9 mm、0.6 mm、0.6 mm、0.4 mm、0.1 mm
G32 Z-17.5 F2;			
G00 X22.0;			
Z4.0;			
X28.9;	X28.9;		
G32 Z-17.5 F2;			
G00 X22.0;			
Z4.0;			
X29.5;	X29.5;		
G32 Z-17.5 F2;			
G00 X22.0;			
Z4.0;			
X29.9;	X29.9;		
G32 Z-17.5 F2;			
G00 X22.0;			
Z4.0;			
X30.0;	X30.0;		
G32 Z-17.5 F2;			
G00 X22.0;			
Z4.0;			

(续表)

加工程序（G32）	加工程序（G92）	加工程序（G76）	程序注释
G00 X100.0 Z200.0;			返回换刀点
M05;			主轴停止
M30;			程序结束，光标返回程序头

2. 零件的加工

（1）开机回参考点，进行机床检查。

（2）装夹工件。使用三爪自定心卡盘夹紧工件，保证一定的伸出长度（适合掉头后装夹），开启数控车床，主轴正转，在手轮模式下，对工件伸出部分用小的背吃刀量切削一刀，停机，工件掉头，找正后夹紧。

（3）对刀。对93°外圆车刀、内切槽刀、内螺纹车刀进行对刀操作。

（4）输入程序并调试。

（5）在自动运行模式下运行加工程序。

（6）测量工件，视测量结果对磨耗值进行修正。

（7）执行精加工，以保证工件精度。

（8）加工完成后，将工件从卡盘上卸下，并使用专用清理工具对机床进行清理。

6.2.5 检查评估

内螺纹零件的编程与加工评分标准如表6-16所示。

表6-16 内螺纹零件的编程与加工评分标准

姓名			零件名称	内螺纹零件	时间		总得分	
项目	序号	技术要求	配分		评分标准		检测记录	得分
工艺与程序（30分）	1	工艺合理	6		不合理每处扣1分			
	2	程序格式规范	6		不规范每处扣1分			
	3	程序参数选择合理	6		不合理每处扣1分			
	4	指令选用正确	6		不正确每处扣2分			
	5	程序正确、完整	6		不正确每处扣2分			
机床操作（15分）	6	零件装夹合理	3		不合理每处扣3分			
	7	刀具选择及安装正确	3		不正确每处扣1.5分			
	8	对刀及坐标系设定正确	3		不正确每处扣1分			
	9	机床面板操作正确	3		不正确每处扣0.5分			
	10	意外情况处理正确	3		不正确每处扣1分			

(续表)

姓名			零件名称	内螺纹零件	时间		总得分	
项目	序号	技术要求		配分	评分标准		检测记录	得分
工件尺寸 (50分)	11	ϕ18 mm		5	每超差 0.01 mm 扣 2 分			
	12	ϕ45 mm		5	每超差 0.01 mm 扣 2 分			
	13	ϕ40 mm		4	每超差 0.01 mm 扣 2 分			
	14	ϕ32 mm		4	每超差 0.01 mm 扣 2 分			
	15	15 mm		4	每超差 0.01 mm 扣 2 分			
	16	18 mm		4	每超差 0.01 mm 扣 2 分			
	17	20 mm		4	每超差 0.01 mm 扣 2 分			
	18	M12×2-6H		12	超差扣 6 分，不成形全扣			
	19	去毛刺		2	每处未去扣 1 分			
	20	Ra3.2 μm		6	每处降低一级扣 1 分			
文明生产 (5分)	21	安全操作		2.5	违反操作规程全扣			
	22	机床整理		2.5	不合格全扣			

6.2.6 项目实训

编制图 6-15 所示螺纹套的加工程序并完成加工。

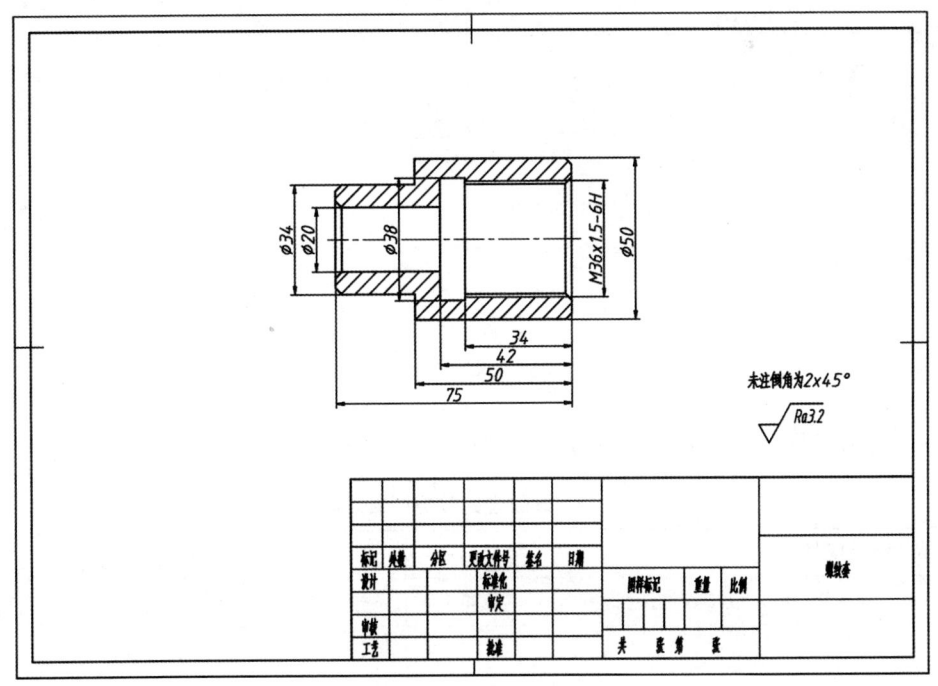

图 6-15 螺纹套

1. 思考

(1) 该零件包含哪些内表面？

(2) 在安装梯形螺纹车刀时，要注意哪些关键事项？

(3) 切削梯形螺纹时，可以采用哪些方法？

(4) 在使用左右分层法切削梯形螺纹时，应如何安排走刀轨迹？

(5) 在安装梯形螺纹工件时，为什么要采用"一夹一顶"的装夹方式？

(6) 内螺纹需要使用什么量具进行检测？

2. 计划与决策

选用刀具、量具、夹具类型，确定工件定位与夹紧方案，确定工件坐标系与编程原点、编程思路、加工进给路线方案、切削用量、相关G指令的应用，计算基点，确定刀具对刀方案，确定尺寸检测步骤，确定机床的保养工作步骤与小组成员分工。

3. 实施

(1) 选用刀具，填写表6-17所示的数控加工刀具卡。

表6-17 螺纹套的数控加工刀具卡

产品名称或代号		零件名称		零件图号		
序号	刀具号	刀具规格名称	数量	加工表面	刀尖半径/mm	备注
1						
2						

(续表)

序号	刀具号	刀具规格名称	数量	加工表面	刀尖半径/mm	备注
3						
编制		审核		批准		第　页　共　页

（2）安排加工工序，填写表6-18所示的数控加工工序卡。

表6-18　螺纹套的数控加工工序卡

工序号		工序内容					
零件名称		零件图号		材料		夹具名称	使用设备
工步号	工步内容	刀具号	主轴转速 $n/$（r/min）	进给速度 $f/$（mm/min）	背吃刀量 a_p/mm	备注	
编制		审核		批准		第　页	共　页

（3）在表6-19中编写程序，并对程序段做注释。

表6-19　编写程序并做注释

程序	注释

(续表)

程序	注释

（4）操作与加工如表 6-20 所示。

表 6-20　操作与加工

开机前的检查，开机	
工件装夹	
刀具安装	
对刀操作	
录入程序并调试	
零件加工	
测量并控制尺寸	
机床、工具、量具保养与现场清扫	

4. 检查

按表 6-21 的项目与评分标准对项目实训进行检查与考核。

表 6-21　螺纹套的评分标准

姓名			零件名称	螺纹套	时间		总得分	
项目	序号	技术要求		配分	评分标准		检测记录	得分
工艺与程序 (30分)	1	工艺合理		6	不合理每处扣1分			
	2	程序格式规范		6	不规范每处扣1分			
	3	程序参数选择合理		6	不合理每处扣1分			
	4	指令选用正确		6	不正确每处扣2分			
	5	程序正确、完整		6	不正确每处扣2分			

(续表)

项目	序号	技术要求	配分	评分标准	检测记录	得分
机床操作 (15分)	6	零件装夹合理	3	不合理每处扣3分		
	7	刀具选择及安装正确	3	不正确每处扣1.5分		
	8	对刀及数据填写正确	3	不正确每处扣1分		
	9	机床面板操作正确	3	不正确每处扣0.5分		
	10	意外情况处理正确	3	不正确每处扣1分		
工件尺寸 (50分)	11	$\phi50$ mm	4	每超差0.01 mm扣2分		
	12	$\phi34$ mm	4	每超差0.01 mm扣2分		
	13	$\phi20$ mm	4	每超差0.01 mm扣1分		
	14	$\phi38$ mm	4	每超差0.01 mm扣1分		
	15	M36×1.5-6H	12	超差扣6分,未成形全扣		
	16	75 mm	3	每超差0.01 mm扣1分		
	17	50 mm	3	每超差0.01 mm扣1分		
	18	42 mm	3	每超差0.01 mm扣1分		
	19	34 mm	3	每超差0.01 mm扣1分		
	20	C2	4	每处不符扣1分		
	21	去毛刺	2	每处未去扣1分		
	22	$Ra3.2$ μm	4	每降一级扣1分		
文明生产 (5分)	23	安全操作	2.5	违反操作规程全扣		
	24	机床整理	2.5	不合格全扣		

5. 小结与评价

按表6-22规定的评价项目对学生项目实训进行评价。小组成员各自完成"自我评价",组长完成"小组评价",教师完成"教师评价"。上交文件材料及产品,做好实训室5S管理。

表6-22 任务评价表

姓名		班级		学号		日期	
序号	检查项目		自我评价	小组评价	教师评价	备注	
1	遵守安全操作规范						
2	态度端正,工作认真						
3	能提前进行学习,并积极参加讨论						
4	能熟练、多渠道地查找参考资料						
5	能正确说出操作重点						

（续表）

序号	检查项目	自我评价	小组评价	教师评价	备注
6	工作步骤执行、操作规范熟练				
7	能在规定时间内完成任务，并按要求上交（或打印）任务结果				
8	遵守纪律，积极协作				
9	做好设备保养工作				
10	做好5S管理工作				
	合计				
	总分				

注：①采用10-9-7-5-3-0分制给分。
②总分="自我评价"分数×20%+"小组评价"分数×30%+"教师评价"分数×50%。

思 考 与 练 习

1. 判断题

（1）切削螺纹时，螺距精度的超差与车床丝杠的轴向窜动有关。（   ）

（2）铝合金材料在钻削过程中，由于铝合金易产生积屑瘤，残屑易粘在刃口上造成排屑困难，故需把横刃修磨得短一些。（   ）

（3）切削内螺纹前的底孔尺寸应比内螺纹小径稍小一些。（   ）

（4）在实际切削过程中，牙型的实际深度为（1.1～1.3）$P/2$。（   ）

（5）外螺纹的公称直径是指螺纹大径，内螺纹的公称直径是指螺纹小径。（   ）

2. 选择题

（1）刀具的径向尺寸应比内螺纹底孔孔径小（   ）mm。
A. 1～2   B. 3～5   C. 2～6   D. 5～7

（2）切削内、外圆时，机床（   ）超差，对工件素线的直线度影响较大。
A. 床身导轨的平行度   B. 溜板移动在水平面内的直线度
C. 床身导轨在垂直平面内的直线度   D. 以上说法都不对

3. 简答题

（1）使用内螺纹车刀时应注意哪些问题？

（2）如何对内螺纹车刀进行对刀？

（3）对于同时具有内、外表面加工需求且精度要求较高的零件，应该如何安排加工顺序？

4. 编程题

完成图 6-16 所示各内螺纹零件的编程并完成加工过程。

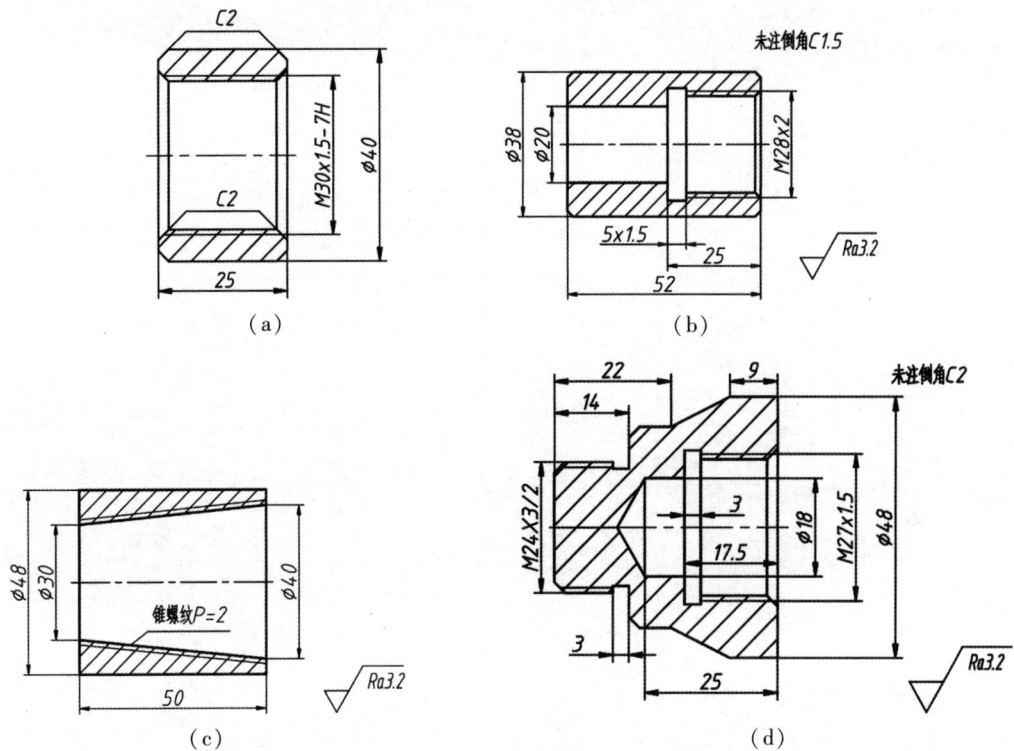

图 6-16 内螺纹零件

项目 7

宏程序

任务 7　使用宏程序的二次曲线回转面加工

知识目标

(1) 掌握宏程序的相关知识。
(2) 巩固有关二次曲线的标准方程和参数方程。
(3) 熟练使用宏程序编写椭圆、抛物线等二次曲线回转面的加工程序。

能力目标

(1) 能熟练使用循环语句编写二次曲线回转面的加工程序。
(2) 能熟练掌握宏程序的编制技巧。
(3) 能正确测量零件尺寸。

素养目标

(1) 培养求实创新、精益求精的工匠精神。
(2) 培养求真务实、敬业专注的职业品质。
(3) 遵规守纪,爱护设备,钻研技术,安全生产。

励志故事

大国工匠——高凤林

高凤林是中国航天科技集团有限公司第一研究院的焊接特级技师。三十年来,他始终坚守在自己的岗位上,以爱岗敬业的精神刻苦钻研,勇于创新。他一次次突破了火箭发动机喷管焊接技术的难题,为北斗导航、嫦娥探月、载人航天等国家重点工程的顺利实施,以及长征五号新一代运载火箭的研制,做出了不可磨灭的贡献。高凤林凭借卓越的技艺和无私的奉献，荣获了"中华技能大奖"，并被评选为"全国十大能工巧匠""全国劳动模范"以及"全国最美职工"。

7.1.1 任务描述

手提式灭火器的椭圆形封头由半个椭球面和短圆筒组成，其封头凸模如图7-1所示，生产方式为单件生产。要求正确设定工件坐标系，制订加工工艺方案，选择合理的切削工艺参数，正确编制数控加工程序并完成加工。毛坯材料为45钢。

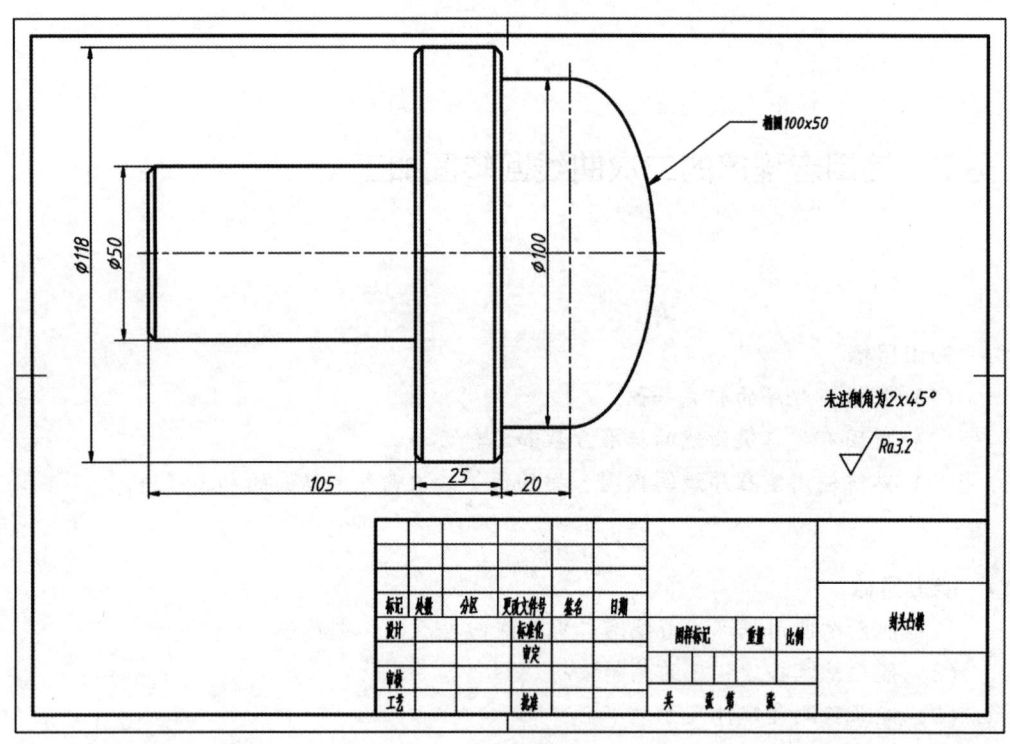

图7-1 封头凸模

7.1.2 知识准备

1. 宏程序基础

在数控系统中，具备变量处理、转向控制和比较判别等功能的指令被称为宏指令，而包含宏指令的程序被称为数控宏程序（以下简称宏程序）。宏程序支持变量运算、逻辑控制等功能，在编制相同加工内容时，宏程序比子程序更为便捷。通常将结构相似的加工内容编制为通用宏程序，这样在加工程序中只需修改变量初始值即可使用。

本书介绍的是FANUC系统中的B类宏程序，其采用高级语言编程，表达式简单明了，含义直观易懂。

（1）宏程序的常量、变量与变量运算

①常量。

常量是在程序执行中固定不变的量，例如，在程序"G00 X70.0"中，"70.0"这个数值在整个程序运行期间是不会变化的。

②变量及其表示形式。

变量是可赋值的动态参数，其值在程序运行过程中可变化。例如，在程序"G00 X#1"中，"#1"为变量，其数值可在程序运行时改变。

变量由变量符号（#）和变量号组成，表示形式如下。

- 变量号可为整数，如"#1""#10"。
- 变量号可为表达式，如"G00 X［#1+#2］"。
- 变量可替代地址符后的常量，如若"#1=0.2"，则"F#1"等效于"F0.2"。

③变量的类型。

FANUC 0i/0i Mate T 系统规定，变量的类型由变量号区分，共分为以下四类。

- 空变量（#0）：该变量为空变量，没有值可以赋给该变量。
- 局部变量（#1～#33）：只能在宏程序中存储数据，如运算结果。当断电时，局部变量会被初始化为空。
- 公共变量（#100～#199、#500～#999）：在整个程序中有效。当断电时，#100～#199被初始化为空，#500～#999 的数据会被保存。
- 系统变量（#1000 及以后）：用于读和写 CNC 运行时各种数据的变化，如刀具的当前位置和补偿值。有些系统变量是只读的，而有些系统变量可读可写。

④变量的赋值与运算。

赋值是指将常量或表达式的值赋给变量。例如，"#1=20"表示将"20"赋给变量"#1"。其中"#1"表示变量，"20"是赋给变量"#1"的值，"="是赋值运算符（非数学等号），用于实现赋值操作。

宏程序的变量不仅支持赋值，还可参与运算。宏程序变量的常用运算如表 7-1 所示。

表 7-1　宏程序变量的常用运算

类型	功能	格式	备注
算术运算	加法	#i = #j+#k	常数可以代替变量
	减法	#i = #j-#k	
	乘法	#i = #j * #k	
	除法	#i = #j/#k	
三角函数运算	正弦	#i = sin［#j］	角度以°指定，如 15°30'表示为 15.5°。常数可以代替变量
	反正弦	#i = asin［#j］	
	余弦	#i = cos［#j］	
	反余弦	#i = acos［#j］	
	正切	#i = tan［#j］	
	反正切	#i = atan［#j］／［#k］	

(续表)

类型	功能	格式	备注
其他函数运算	平方根	#i = sqrt［#j］	常数可以代替变量
	绝对值	#i = abs［#j］	
	舍入	#i = round［#j］	
	上取值	#i = fix［#j］	
	下取值	#i = fup［#j］	
	自然对数	#i = ln［#j］	
	指数对数	#i = exp［#j］	
逻辑运算	或	#i = #jOR#k	
	异或	#i = #jXOR#k	
	与	#i = #jAND#k	

变量之间可以进行混合运算。运算优先次序如下：首先括号［ ］，其次函数，再次乘除，最后加减。

例如：#1 = #2+#3 * sin［#4+#5］，运算时首先计算［#4+#5］，其次计算 sin［#4+#5］，再次计算#3 * sin［#4+#5］，最后计算#2+#3 * sin［#4+#5］。

(2) 程序流向控制

程序流向控制语句可以让程序不再单一地按自然排列顺序执行，通过控制语句指定执行顺序。

①无条件转移（GOTO 语句）。

格式：GOTO n；n 为程序段号

说明：转移到顺序号为 n 的程序段。

例如：

GOTO 80；跳转到程序段号为 N80 的程序语句

N80 G00 X100.0 Z200.0；

②条件转移（IF 语句）。

格式：IF［条件表达式］GOTO n ；

说明：如果满足指定的条件表达式，则转移到顺序号为 n 的程序段；如果不满足指定的条件表达式，则执行下一个程序段。

条件表达式中的运算符如表 7-2 所示。

表 7-2 条件表达式中的运算符

运算符	含义
EQ	等于（=）
NE	不等于（≠）
GT	大于（>）

（续表）

运算符	含义
GE	大于或等于（≥）
LT	小于（<）
LE	小于或等于（≤）

例如：

N40 IF［#1 GT 5］GOTO 60；

N50 G00 X100.0；

N60 G01 X10.0 Z-7.0 F0.1；

其含义为：如果#1满足大于5的条件，则跳转到执行N60；否则直接执行下一个程序段N50。

例7-1 求1～10自然数的总和。

O7001；程序号

#1=0；定义和数存储变量

#2=1；定义被加数

N100 IF［#2 GT 10］GOTO 20；判别被加数大小，若被加数大于10，则跳转到程序段N200

#1=#1+#2；进行加法运算

#2=#2+1；被加数加1，准备下一次累加

GOTO 100；无条件跳转到程序段N100，继续执行循环

N200 M30；程序结束

③条件执行（IF……THEN语句）。

格式：IF［条件表达式］THEN［宏程序语句］

说明：如果满足指定的条件表达式，则执行后面跟随的宏程序语句，否则直接执行下一个程序段。

例7-2 求1～10的阶乘。

O7002；程序号

#1=1；定义乘数存储变量

#2=0；定义被乘数

N100 IF［#2 LT 10］THEN［#2=#2+1］；判别被乘数大小，若被乘数小于10，则执行加1运算

#1=#1*#2；进行乘法运算

GOTO 100；无条件跳转到程序段N100，继续执行循环

N200 M30；程序结束

④循环（WHILE语句）。

格式：WHILE［条件表达式］DO m；

……

END m；

说明：

- 如果满足指定的条件表达式，则执行 DO 到 END 之间的程序语句，否则执行 END 后面的程序语句。
- m 是循环标号，最多嵌套三层，即 m=1，2，3。

例如：

WHILE［条件表达式］DO 1；

……

WHILE［条件表达式］DO 2；

……

WHILE［条件表达式］DO 3；

……

……

END 3；

……

END 2；

……

END 1；

- 循环标号可以反复使用。

例如：

WHILE［条件表达式］DO 1；

……

END 1；

……

WHILE［条件表达式］DO 1；

……

END 1；

- 不可以存在交叉循环，如下出现了交叉循环，这是错误的。

例如：

WHILE［条件表达式］DO 1；

……

WHILE［条件表达式］DO 2；

……

END 1；

……

END2；

例 7-3 求 1～10 自然数的总和。

O7003；程序号

#1=0；定义和数存储变量

#2=1；定义被加数

WHILE [#2 LE 10] DO 1；判别被加数的大小，若被加数小于10，则继续循环求和，否则结束循环

#1=#1+#2；进行加法运算

#2=#2+1；被加数加1，运算得到第二个数

END 1；结束求和循环

M30；程序结束

2. 二次曲线回转面的加工方法

二次曲线回转面在工业产品中有着广泛的应用，如工业容器的封头、车灯等。一般数控系统只有直线和圆弧插补功能，对于非圆曲线，如椭圆、抛物线、双曲线、正（余）弦曲线等轮廓，无法直接通过系统的插补功能进行加工。这些非圆曲线一般由不同的数学方程表示，可以通过大量微小直线段或圆弧段进行逼近拟合。如果这些直线段或圆弧段选得足够小，就可以使逼近误差小于非圆曲线的允许误差，从而加工出非圆曲线。

通常用直线段拟合非圆曲线，其核心在于拟合直线段与理想曲线之间的交点（也称节点）的坐标值的计算。直线段拟合包括等间距拟合、等弦长拟合和等误差拟合等方法。其中，以等间距拟合最为简单，可根据需要对坐标轴进行等分，如图7-2所示，只要间距选得足够小，误差就可以控制在公差范围之内。

拟合曲线不能与理想曲线完全重合，存在一定的拟合误差，拟合误差的大小取决于拟合的方法和拟合的段数。在进行拟合计算时，在保证拟合精度的前提下，尽量选较少的拟合段数。

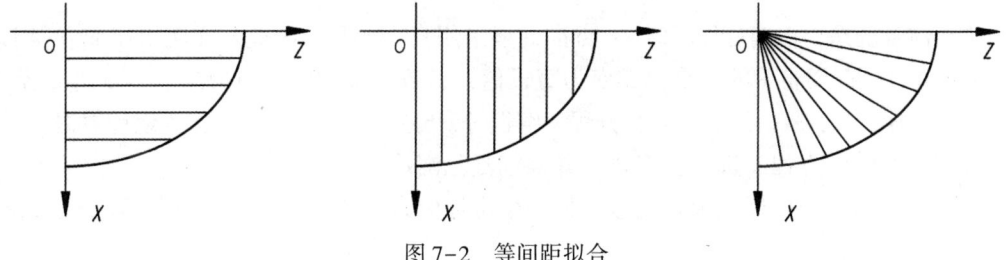

图7-2 等间距拟合

（1）二次曲线方程

在笛卡儿坐标系 XOY 平面内，椭圆、抛物线、双曲线的方程如表7-3所示。

表7-3 *XOY* 平面内椭圆、抛物线、双曲线的方程

类别		中心在原点 (0, 0)	中心不在原点，而在 (x_0, y_0)
椭圆	标准方程	$x^2/a^2+y^2/b^2=1$	$(x-x_0)^2/a^2+(y-y_0)^2/b^2=1$
	参数方程	$x=a\cos\theta$ $y=b\sin\theta$	$x=x_0+a\cos\theta$ $y=y_0+b\sin\theta$
抛物线	标准方程	$y^2=2px$	$(y-y_0)^2=2p(x-x_0)^2$

(续表)

类别		中心在原点 (0, 0)	中心不在原点,而在 (x_0, y_0)
双曲线	标准方程	$x^2/a^2 - y^2/b^2 = 1$	$(x-x_0)^2/a^2 - (y-y_0)^2/b^2 = 1$
	参数方程	$x = a\sec\theta$ $y = b\tan\theta$	$x = x_0 + a\sec\theta$ $y = y_0 + b\tan\theta$

(2) 编制二次曲线宏程序的基本步骤

①进行函数变换。

将笛卡儿坐标系 XOY 平面内的二次曲线方程转换到数控车床坐标系 XOZ 中,将前者的 X 轴变为后者的 Z 轴,前者的 Y 轴变为后者的 X 轴,如表7-4所示。

表7-4 数控车床坐标系中椭圆、抛物线、双曲线的方程

类别		中心在原点 (0, 0)	中心不在原点,而在 (x_0, z_0)
椭圆	标准方程	$z^2/a^2 + x^2/b^2 = 1$	$(z-z_0)^2/a^2 + (x-x_0)^2/b^2 = 1$
	参数方程	$z = a\cos\theta$ $x = b\sin\theta$	$z = z_0 + a\cos\theta$ $x = x_0 + b\sin\theta$
抛物线	标准方程	$x^2 = 2pz$	$(x-x_0)^2 = 2p(z-z_0)$
双曲线	标准方程	$z^2/a^2 - x^2/b^2 = 1$	$(z-z_0)^2/a^2 - (x-x_0)^2/b^2 = 1$
	参数方程	$z = a\sec\theta$ $x = b\tan\theta$	$z = x_0 + a\sec\theta$ $x = y_0 + b\tan\theta$

需要注意的是,在编写程序时,x 方向一般采用直径编程。因此,在使用标准方程求解出 x 后,在编程时要将 x 的值乘以2变为直径值,参数方程中的 x 也应乘以2变为直径值。例如,中心在 (x_0, z_0) 的椭圆参数方程,编程时 x 要用 $2(x_0 + b\sin\theta)$ 作为地址数据。

②根据给定的方程,选定自变量,并确定其范围。

标准方程以一个坐标值为自变量,另一个坐标值为因变量,因变量的计算表达式在编程中写入稍显烦琐。

参数方程以角度值为自变量,计算方便,过象限时无须进行方向判断,且终点判别简单。因此,建议尽可能以角度为自变量。

例7-4 如图7-3所示,设椭圆长轴半径 $a=50$ mm,短轴半径 $b=25$ mm,用标准方程法和参数方程法编制椭圆零件的轮廓宏程序。

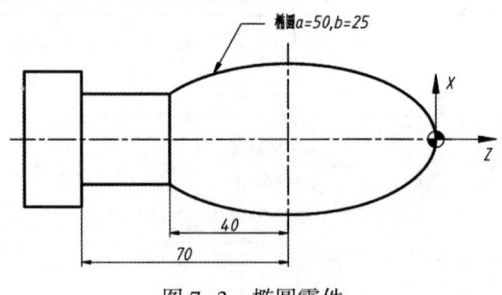

图7-3 椭圆零件

- 标准方程法。

采用直线段拟合法，沿 Z 轴方向以 0.3 mm 为步距进行分段。以 Z 为自变量，X 为因变量，编制仅使用变量而不含具体数据的宏程序（方法如前所述）。这样一来，对于不同的椭圆，即使起始点、步距不同，也不必更改程序，只需修改宏指令段内的赋值数据即可。

在编程坐标系中，以工件右端为编程原点，则椭圆的标准方程为：

$$(z-z_0)^2/a^2 + (x-x_0)^2/b^2 = 1 \tag{7-1}$$

式中 z_0——椭圆中心与编程原点在 Z 轴方向的偏移距离，题中为-50；

x_0——椭圆中心与编程原点在 X 轴方向的偏移距离，题中为 0。

由此可得因变量 x 的表达式：

$$x = b\sqrt{1-(z-z_0)^2/a^2} + x_0 \tag{7-2}$$

图 7-2 所示椭圆零件标准方程法轮廓精加工程序如下：

```
O7004；程序号
#1=0；在编程坐标系下，#1 表示自变量 Z 的初值，本题中为椭圆在 Z 轴方向的起点
#11=-90；在编程坐标系下，#11 表示自变量 Z 的终值，本题中为椭圆在 Z 轴方向的终点
#3=50；在编程坐标系下，#3 指定椭圆长轴半径 a 为 50
#4=25；在编程坐标系下，#4 指定椭圆短轴半径 b 为 25
#5=0；在编程坐标系下，#5 表示椭圆中心的 X₀ 值
#6=-50；在编程坐标系下，#6 表示椭圆中心的 Z₀ 值
T0101；选择 1 号刀并调用 1 号刀补
M03 S500；主轴正转，转速为 500 r/min
G00 X100.0 Z200.0；
X0 Z5；
G01 X0 Z0 F0.15；
WHILE［#1 GE #11］DO 1；如果#1≥#11，则执行循环 1
#2=#4*SQRT［1-［#1-#6］*［#1-#6］/［#3*#3］］］+#5；计算因变量 X 的值
G01 X［2*#2］Z［#1］F0.15；
#1=#1-0.3；Z 值递减，步距为 0.3 mm
END 1；循环结束
G01 Z-120.0；
X52.0；
G00 X100.0 Z200.0；
M05；主轴停止
M30；程序结果
```

- 参数方程法。

在编程坐标系下，该椭圆的参数方程可表示为 $z = z_0 + a\cos\theta$, $x = x_0 + b\sin\theta$，图7-3所示椭圆零件参数方程法轮廓精加工程序如下：

```
O7005；程序号
T0101；选择1号刀并调用1号刀补
M03 S500；主轴正转，转速为500 r/min
G00 X100.0 Z200.0；
X0 Z5.0；
G01 X0 Z0 F0.15；
#1=0；#1为自变量，初值角度即椭圆起始角度为0
#2=50.0；#2指定椭圆长轴半径a为50.0
#3=25.0；#3指定椭圆短轴半径b为25.0
#101=0；椭圆中心的X0值
#102=-50.0；椭圆中心的Z0值
N10 #5=#101+#3*sin[#1]；计算第1个因变量，为椭圆X值
#6=#102+#2*cos[#1]；计算第2个因变量，为椭圆Z值
G01 X[2*#5] Z#6 F0.15；加工椭圆
#1=#1+0.5；自变量即角度以0.5递增
IF [#6 GE -90.0] GOTO 10；如果Z≥-90.0，则转移到N10程序段执行
G01 Z-120.0；
……
```

例7-5 如图7-4所示，编制抛物线曲面孔的精加工程序。

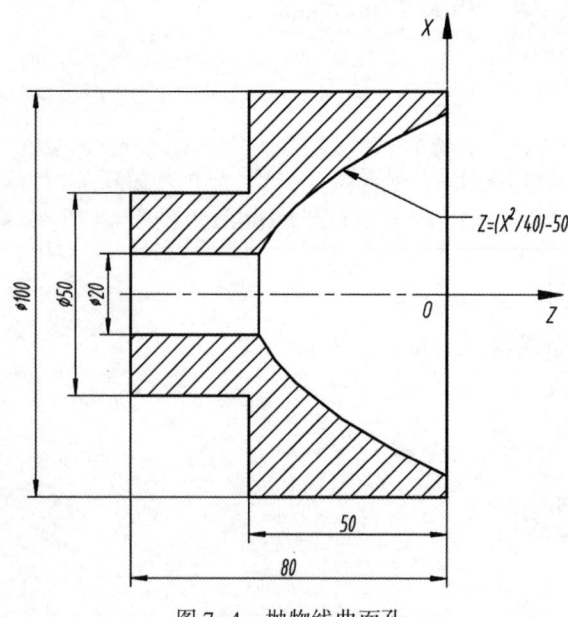

图7-4 抛物线曲面孔

程序如下：

```
O0003；主程序号
T0101；选择1号刀并调用1号刀补
M03 S700；主轴正转，转速为700 r/min
G00 X89.0 Z2.0；
M98 P0300；调用子程序O0300
G00 Z100.0；
M05；程序暂停
M30；程序结果

O0300；子程序号
G00 X89.0 Z2.0；
#1=1.0；抛物线延伸点
#5=0.1；加工步距
N10 #2=#1+50.0；
#3=SQRT［#2*40］；求任意点X/2
#4=2*#3；任意点X（直径）值
G01 X#4 Z#1；直线插补
#1=#1-#5；插补点
IF［#1 GE -48.0］GOTO 10；
M99；子程序结束并返回主程序
```

3. 检测量具

用样板近似检测椭圆轮廓。

7.1.3 方案设计

1. 小组分工

教师引导学生进行小组分工，组长根据实际情况填写表7-5。

表7-5 小组分工

小组信息	班级名称			日　　期	
	小组名称			组长姓名	
	岗位分工				
	成员姓名				

2. 讨论工作计划

小组成员共同讨论工作计划，分析并列出本次任务中的操作重点。

（1）零件结构分析

零件的轮廓由圆柱面和椭球面组成，具体包括 $\phi 60$ mm、$\phi 180$ mm、$\phi 100$ mm 的圆柱。

（2）数控车削加工工艺分析

①装夹方案与夹具。采用三爪自定心卡盘装夹外圆表面。

②加工方法。在一次装夹中完成右端 $\phi 100\ mm$ 圆柱面、椭球面全部加工内容。

③刀具选择。93°外圆车刀。

④切削用量。如表 7-6 所示。

（3）确定编程原点与编程思路

①设置编程原点。选取椭圆中心为编程原点。

②编程思路。使用 G71（或 G72、G70）指令编写粗车、精车程序，椭圆面的加工采用宏程序。

（4）确定加工进给路线

①设计循环起点。粗车、精车循环起点为（120，27）。

②设计进给路线。以 G71（或 G72、G70）指令的精加工路线走刀。

（5）填写数控加工工序卡

填写表 7-6 所示的数控加工工序卡。

表 7-6 封头凸模的数控加工工序卡

工序号	01	工序内容		右端	
零件名称		零件图号	材料	夹具名称	使用设备
封头凸模		图 7-1	45 钢	三爪自定心卡盘	数控车床
工步号	工步内容	刀具号	主轴转速 n /（r/min）	进给速度 f /（mm/min）	背吃刀量 a_p/mm	备注
1	粗车椭球与圆柱	T0101	800	0.2	2	自动
2	精车椭球与圆柱	T0101	1000	0.1	0.2	自动
编制		审核	批准	第 页	共 页

7.1.4 任务实施

1. 编写加工程序

依据方案设计中选取的编程原点，编制封头凸模（右端）的数控加工程序。参考程序如表 7-7 所示。

表 7-7 封头凸模（右端）的加工参考程序

加工程序		程序注释
标准方程法	参数方程法	
O7006；		程序号
T0101；		选择 1 号刀并调用 1 号刀补
M03 S800 G99；		主轴正转，转速为 800 r/min

(续表)

加工程序		程序注释	
标准方程法	参数方程法		
G00 X120.0 Z27.0 M08;		刀具快速到达到循环起点,打开冷却液	
G71 U2 R0.5;		使用 G71 指令开始粗车循环,背吃刀量为 2 mm,退刀量为 0.5 mm;	
G71 P10 Q20 U0.4 W0.1 F0.2;		留精车余量 U0.4,W0.1	
N10 #1=25;	N10 #1=0;	变量#1 为初值（Z）	变量#1 为初始角度
#2=0;		变量#2 为初值（X）	
G00 X0;			
G42 G01 Z0 F0.1;			
WHILE [#1 GE 0] DO 1;	WHILE [#1 GE 90] DO 1;	判断变量#1 是否从起点出发到达了终点	
#2=50∗SQRT [1-#1∗#1/25/25];	X=2∗50COS [#1];	变量#2 随变量#1 变化	
	Z=25SIN [#1];		
G01 X [2∗#2] Z #1 F0.1;	G01 X [2∗50COS [#1]] Z [25SIN [#1]] F0.1;	插补	
#1=#1-0.2;	#1=#1+0.2;	步距为 0.2 mm;变量减小 0.2 mm	变量增大 0.2 mm
END 1;		循环结果	
G01 Z-20.0;		加工 ϕ100 mm 短圆柱部分	
G01 X118.0 Z-22.0;		C2	
Z-46.0;		加工 ϕ180 mm 圆柱	
N20 G40 G01 X120.0 M09;			
G00 X150.0 Z200.0;			
M05;		主轴停止	
M00;		程序暂停,测量修调磨耗值	
T0101;		选择 1 号刀并调用 1 号刀补	
M03 S1000;		主轴正转,转速为 1000 r/min	
G00 X120.0 Z27.0 M08;			
G70 P10 Q20;		使用 G70 指令进行精车	
G00 X150.0 Z200.0;			
M05;		主轴停止	
M30;		程序结束	

2. 零件的加工

(1) 开机回参考点,进行机床检查。

(2) 安装刀具。将 93°外圆车刀置于刀架上。

(3) 装夹工件。使用三爪自定心卡盘夹紧工件,对外圆柱伸出端外圆先切削一刀,再掉头,找正后夹紧。

(4) 对刀。对 93°外圆车刀进行对刀操作。

(5) 输入程序并调试。

(6) 在自动运行模式下运行加工程序。

(7) 测量工件,视测量结果对磨耗值进行修正。

(8) 执行精加工,以保证工件精度。

(9) 加工完成后,将工件从卡盘上卸下,并使用专用清理工具对机床进行清理。

7.1.5 检查评估

筒体封头凸模的编程与加工评分标准如表 7-8 所示。

表 7-8 筒体封头凸模的编程与加工评分标准

姓名			零件名称		封头凸模	时间		总得分	
项目	序号	技术要求		配分		评分标准		检测记录	得分
工艺与程序 (35 分)	1	工艺合理		7		不合理每处扣 1 分			
	2	程序格式规范		7		不规范每处扣 1 分			
	3	程序参数选择合理		7		不合理每处扣 1 分			
	4	指令选用正确		7		不正确每处扣 1 分			
	5	程序正确、完整		7		不正确每处扣 1 分			
机床操作 (20 分)	6	零件装夹合理		3		不合理每处扣 3 分			
	7	刀具选择及安装正确		3		不正确每处扣 1.5 分			
	8	对刀及坐标系设定正确		8		不正确每处扣 1 分			
	9	机床面板操作正确		3		不正确每处扣 0.5 分			
	10	意外情况处理正确		3		不正确每处扣 1 分			
工件尺寸 (40 分)	11	ϕ118 mm		4		每超差 0.01 mm 扣 2 分			
	12	ϕ100 mm		4		每超差 0.01 mm 扣 2 分			
	13	ϕ60 mm		4		每超差 0.01 mm 扣 2 分			
	14	25 mm		4		每超差 0.01 mm 扣 2 分			
	15	20 mm		4		每超差 0.01 mm 扣 2 分			
	16	椭圆轮廓符合度		14		不符合全扣			
	17	Ra3.2 μm		3		每处降低一级扣 1 分			
	18	倒角		3		每处不符扣 1 分			

(续表)

姓名			零件名称	封头凸模	时间		总得分	
文明生产 (5分)	19	安全操作		2.5	违反操作规程全扣			
	20	机床整理		2.5	不合格全扣			

7.1.6 项目实训

编制图 7-5 所示含二次曲线回转面零件的加工程序并完成加工。

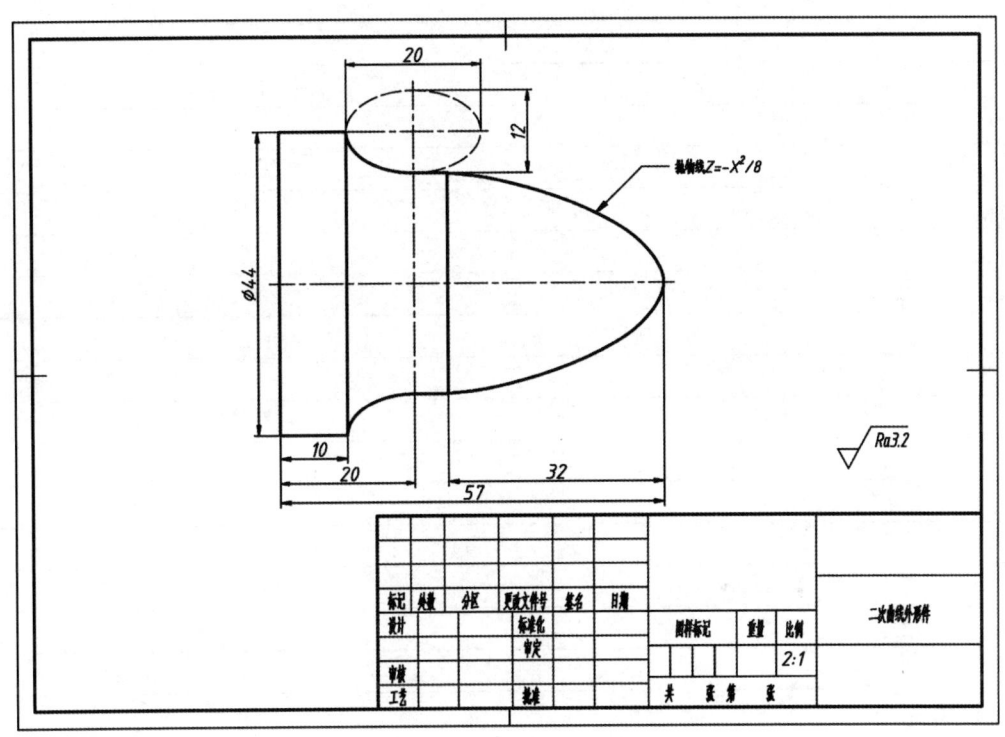

图 7-5 含二次曲线回转面零件

1. 思考

（1）该零件的结构特征是什么？能否使用常用的功能指令编制加工程序？请阐述原因。

（2）该零件含有二次曲线回转面，是否必须采用子程序调用的方式加工二次曲线回转面？

（3）是否可以使用复合循环指令编制该零件的粗、精加工程序？

（4）子程序调用与复合循环指令哪种加工效率更高？

（5）程序中是否需要使用刀尖圆弧半径补偿？

（6）如果分别采用 G71/G70 指令和 G72/G70 指令编程，所用的刀尖圆弧半径补偿指令一样吗？

（7）以图 7-5 中的坐标原点为编程原点编程时，应注意什么？如何对刀？

(8) 对于椭圆部分，标准方程与参数方程在计算上有什么区别？哪一种方法更加简单？

(9) 如何检测椭圆面与抛物面？

2. 计划与决策

选择刀具、量具、夹具类型，确定工件定位与夹紧方案，确定工件坐标系与编程原点、编程思路、加工进给路线方案、切削用量、相关 G 指令的应用，计算基点，确定尺寸检测步骤，确定机床的保养工作步骤与小组成员分工。

3. 实施

(1) 选用刀具，填写表 7-9 所示的数控加工刀具卡。

表 7-9 含二次曲线回转面零件的数控加工刀具卡

产品名称或代号			零件名称		零件图号	
序号	刀具号	刀具规格名称	数量	加工表面	刀尖半径/mm	备注
1						
2						
3						
编制		审核		批准	第 页	共 页

(2) 安排加工工序，填写表 7-10 所示的数控加工工序卡。

表 7-10　含二次曲线回转面零件的数控加工工序卡

工序号		工序内容					
零件名称		零件图号		材料		夹具名称	使用设备
工步号	工步内容	刀具号	主轴转速 $n/$（r/min）	进给速度 $f/$（mm/min）	背吃刀量 $a_p/$mm	备注	
编制		审核		批准		第　页	共　页

（3）在表 7-11 中编写程序，并对程序段做注释。

表 7-11　编写程序并做注释

程序	注释

(续表)

程序	注释

（4）操作与加工如表 7-12 所示。

表 7-12　操作与加工

机床运行前的检查	
工件装夹	
刀具安装	
对刀操作	
录入程序并调试	
零件加工	
测量	
机床、工具、量具保养与现场清扫	

4. 检查

按表 7-13 的项目与评分标准对项目实训进行检查与考核。

表 7-13　含二次曲线回转面零件的评分标准

姓名		零件名称	含二次曲线回转面零件	时间		总得分	
项目	序号	技术要求	配分	评分标准		检测记录	得分
工艺与程序（30 分）	1	工艺合理	6	不合理每处扣 1 分			
	2	程序格式规范	6	不规范每处扣 1 分			
	3	程序参数选择合理	6	不合理每处扣 1 分			
	4	指令选用正确	6	不正确每处扣 2 分			
	5	程序正确、完整	6	不正确每处扣 2 分			
机床操作（15 分）	6	零件装夹合理	3	不合理每处扣 3 分			
	7	刀具选择及安装正确	3	不正确每处扣 1.5 分			
	8	对刀及数据填写正确	3	不正确每处扣 1 分			
	9	机床面板操作正确	3	不正确每处扣 0.5 分			
	10	意外情况处理正确	3	不正确每处扣 1 分			

(续表)

姓名		零件名称	含二次曲线回转面零件	时间		总得分	
项目	序号	技术要求	配分	评分标准		检测记录	得分
工件尺寸 (50分)	11	$\phi 48$ mm	4	每超差 0.01 mm 扣 1 分			
	12	$\phi 30_{-0.03}^{0}$ mm	6	每超差 0.01 mm 扣 1 分			
	13	55 mm	6	每超差 0.01 mm 扣 1 分			
	14	35 mm	4	每超差 0.01 mm 扣 1 分			
	15	15 mm	6	每超差 0.01 mm 扣 1 分			
	16	椭圆轮廓	10	不正确扣 4 分，不成形全扣			
	17	抛物线轮廓	10	不正确扣 4 分，不成形全扣			
	18	$Ra3.2$ μm	4	每降低一级扣 1 分			
文明生产 (5分)	19	安全操作	2.5	违反操作规程全扣			
	20	机床整理	2.5	不合格全扣			

5. 小结与评价

按表 7-14 规定的评价项目对学生项目实训进行评价。小组成员各自完成"自我评价"，组长完成"小组评价"，教师完成"教师评价"。上交文件材料及产品，做好实训室 5S 管理。

表 7-14 任务评价表

姓名		班级		学号		日期	
序号	检查项目		自我评价	小组评价	教师评价	备注	
1	遵守安全操作规范						
2	态度端正，工作认真						
3	能提前进行学习，并积极参加讨论						
4	能熟练、多渠道地查找参考资料						
5	能正确说出操作重点						
6	工作步骤执行、操作规范熟练						
7	能在规定时间内完成任务，并按要求上交（或打印）任务结果						
8	遵守纪律，积极协作						
9	做好设备保养工作						
10	做好 5S 管理工作						
	合计						
	总分						

注：①采用 10-9-7-5-3-0 分制给分。

②总分＝"自我评价"分数×20%＋"小组评价"分数×30%＋"教师评价"分数×50%。

思考与练习

1. 判断题

（1）宏程序的特点是除常用的准备功能外，还可以通过用户宏指令实现变量运算、判断、转移等功能。（　　）

（2）通过变量赋值及处理使程序具有特殊功能的程序叫作宏程序。（　　）

（3）条件运算符 GT 表示"大于"。（　　）

（4）条件运算符 LE 表示"小于"。（　　）

（5）宏程序最显著的特点是使用了变量。（　　）

（6）"#2＝#1"表示两个变量大小相等。（　　）

（7）WHILE 循环的循环标号不可以反复使用。（　　）

（8）WHILE 循环可以存在交叉循环。（　　）

2. 选择题

（1）用户宏程序就是（　　）。

A. 由准备功能指令编写的子程序，主程序需要时可使用呼叫子程序的方式随时调用

B. 使用宏指令编写的程序，程序中除常用的准备功能指令外，还可以通过用户宏指令实现变量运算、判断、转移等功能

C. 工件加工源程序，通过数控装置运算、判断处理后，转变成工件的加工程序，由主程序随时调用

D. 一种循环程序，可以反复使用

（2）下列曲线中，（　　）需要二次逼近，第一次用数学方程式逼近，第二次用直线或圆弧逼近。

A. 椭圆　　　　　B. 双曲线　　　　　C. 抛物线　　　　　D. 列表曲线

（3）#i＝#j+#k 中不可能代表的含义是（　　）。

A. 求和　　　　　　　　　　　　　　B. 两变量相加

C. 求差　　　　　　　　　　　　　　D. #k 可以是常量

（4）在条件表达式的运算符中，"等于"用下列符号中的（　　）表示。

A. LT　　　　　B. NE　　　　　C. EQ　　　　　D. GE

3. 编程题

完成图 7-6 所示各零件的编程并完成加工过程。

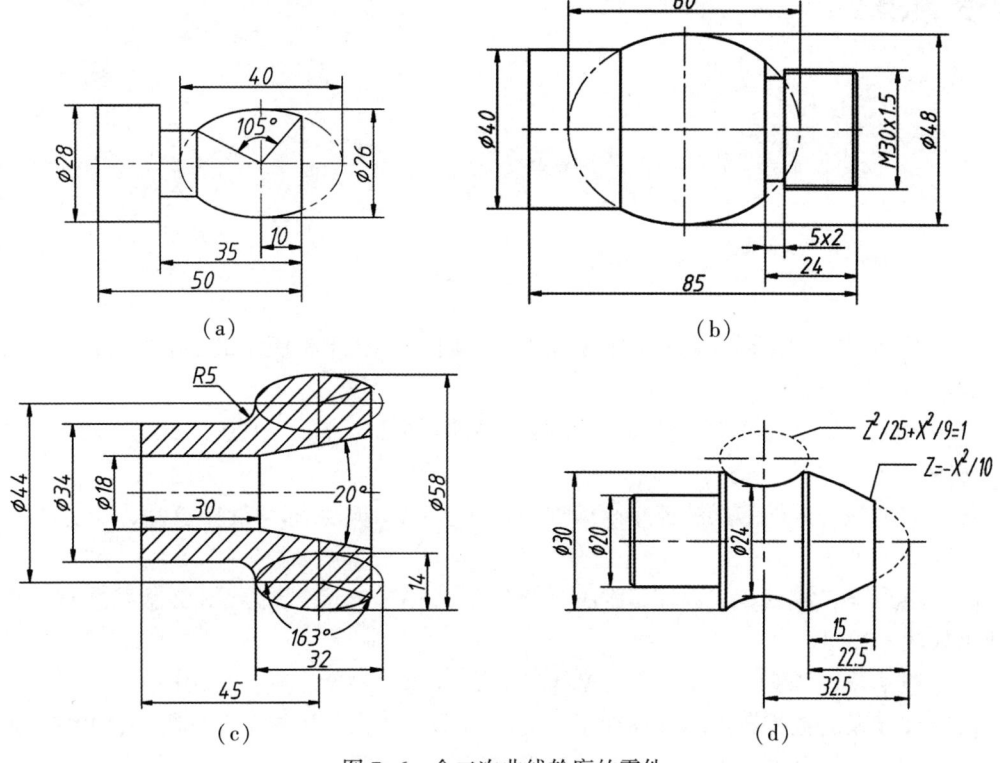

图 7-6 含二次曲线轮廓的零件

使用宏程序的大螺距螺纹加工

参考文献

［1］李河水，梁斯仁. 数控加工编程与操作［M］. 3版. 北京：机械工业出版社，2024.

［2］李银海，戴素江. 机械零件数控车削加工［M］. 4版. 北京：科学出版社，2019.

［3］朱明松，朱德浩. 数控车削编程与加工：FANUC系统［M］. 2版. 北京：机械工业出版社，2021.

［4］魏彦波，姚春玲. 数控车削编程与加工：FANUC系统［M］. 2版. 北京：机械工业出版社，2023.

［5］杨小华，陈明. 金工实训［M］. 3版. 北京：科学出版社，2019.

［6］张宁菊. 数控车削编程与加工［M］. 3版. 北京：机械工业出版社，2019.

［7］中华人民共和国人力资源和社会保障部. 国家职业标准（职业编码：6-18-01-01）：车工（2018年版）［S］. 北京：中国劳动社会保障出版社，2019.